弥补你的性格缺陷

性格缺陷

优化人生格局

〔美〕伊恩·摩根·克罗恩
Ian Morgan Cron

〔美〕苏珊娜·斯塔比尔 著
Suzanne Stabile

—— 李恒幸 译

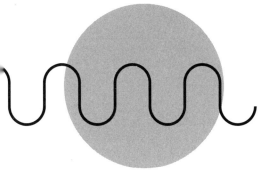

北京联合出版公司
Beijing United Publishing Co.,Ltd.

图书在版编目（CIP）数据

弥补你的性格缺陷：优化人生格局 / (美) 伊恩·摩根·克罗恩, (美) 苏珊娜·斯塔比尔著；李恒幸译. -- 北京：北京联合出版公司, 2022.5
ISBN 978-7-5596-5995-8

Ⅰ.①弥… Ⅱ.①伊… ②苏… ③李… Ⅲ.①性格—培养—通俗读物 Ⅳ.①B848.6-49

中国版本图书馆CIP数据核字(2022)第036162号

Originally published by InterVarsity Press as The Road Back to You by Ian Morgan Cron and Suzanne Stabile.
© 2016 by Ian Morgan Cron.
Translated and printed by permission of InterVarsity Press, P.O. Box 1400,Downers Grove, IL 60515, USA. www.ivpress.com.
Simplified Chinese edition copyright:
2022 Beijing Zhengqingyuanliu Culture & Development Co., Ltd

北京市版权局著作权合同登记号：图字01-2022-1226号

弥补你的性格缺陷：优化人生格局

著　　者：(美) 伊恩·摩根·克罗恩　苏珊娜·斯塔比尔
出 品 人：赵红仕
责任编辑：李　伟
译　　者：李恒幸
特邀编辑：尧俊芳　于　雪
封面设计：WONDERLAND Book design
　　　　　仙境 QQ:344581934
装帧设计：季　群　涂依一

北京联合出版公司出版
（北京市西城区德外大街83号楼9层　100088）
北京联合天畅文化传播公司发行
北京中科印刷有限公司印刷　新华书店经销
字数180千字　640毫米×960毫米　1/16　16.5印张
2022年5月第1版　2022年5月第1次印刷
ISBN 978-7-5596-5995-8
定价：45.00元

中文版序

人类为了生存，会做很多奇怪的事情。

比如，为了赢得好感，小小的孩子学会把自己心爱的芝士饼干送给别人；为了顾及面子，明明心中已经怒火中烧，表面却像个和平使者，云淡风轻地说："没关系，我怎么都可以"；为了逃避责任，已是而立之年的大人，会成了迟迟不愿意长大的彼得·潘……

很多时候，我们为这些行为贴上美好的性格标签：把芝士饼干送给别人的孩子是乐于分享，"和平使者"是懂得谦让，而有彼得·潘情结的大人是因为有颗童心。但当那个为了赢得好感，总在牺牲自己"饼干"的小孩，长大后习惯讨好别人，总在说"没关系，我怎么都可以"的大人抑郁而终，而那个彼得·潘成了家庭或社会中的拖累族时，我们又会十分困惑：那么好的性格，为什么却成了导致人生遗憾的缺陷？

美国知名的心理治疗师伊恩·克罗恩和九型人格导师苏珊娜·斯塔比尔，在《弥补你的性格缺陷》一书中为我们做出了解释。

在小的时候，为了应对父母或外界环境，保护自己不受伤害，人会发展出一套适应策略，不断地调整自我，逐渐形成一种叫"性格"的稳定特质。但是，小孩子的心智还不懂鉴别好坏，他会无意识地吸收全部信息，并以为不断地牺牲自己心爱的东西就一定能赢得好感，以为只要自己不争不抢，就可以维护世界和平，以为只要自己不长大，这个世界就没有伤害……

所以，我们看到了什么？

这些从小构成性格特质的信息，有一部分是伪装的：牺牲心爱之物不一定能赢得想要的好感，而拒绝长大也逃避不了伤害。那些试图欺骗自我的伪装信息，成为掩盖真实自我的"面具"，变成性格中的一种缺陷，影响我们的人生走向。

那么，如何去打破这个局面，弥补这部分缺陷呢？

答案就是：性格虽然戴上了面具，但我们可以通过九型人格心理学，重新认识自我和他人，摘掉性格的面具，弥补性格中的缺陷，改进人生的状态。

通过九型人格心理学，你不仅能了解到：性格并非一成不变，它是动态迁移的，在特定状态下，性格缺陷可以变成一种行动潜力。通过九型人格心理学，你还会发现：丈夫不停地确认你外出有没有带这个带那个，并不是在对你吹毛求疵，只是因为他对周围环境的不确定，而他也明白，大事小事都要与人一争高下的你，并没有想象中的强势，而只是因为被贴上了"成功形象"的标签。经过这样的认知之后，你们会惊奇地发现自己能更好地体谅对方了。因此，认识性格，弥补缺陷，这一切都不再只是关乎自己，也关乎你所在乎的人。

　　当然，认识自我并不容易，毕竟在这个过程中，要直面自己的缺陷是一件痛苦的事，你可能会看到自己都讨厌的那一部分，但经历这个过程后，我们不仅能找到属于自己类型的健康状态，还可以获得所有其他类型的天赋。

　　《弥补你的性格缺陷》这本书，为我们打开了一扇门。通过这扇门，我们踏上自我认知之路，学习如何识别性格中让我们裹足不前的那部分，走出性格缺陷的困惑和痛苦，与最真、最好的自我重新连接统一，实现人生格局的优化。

目　录

THE
ROAD
BACK
TO YOU

第一部分

我们真的了解自己吗

第1章

走近性格心理学的第一步

周六早上 7 点，我的手机响了。在这个世界上，只有一个人敢在这个时间给我打电话。

"是我们家老幺伊恩吗？"我母亲问。假装不太确定是不是找对了人。

"是我。"我配合地回答。

"你在忙什么呢？"她问。

我什么也没做，只是穿着短裤站在厨房里，想着我的浓缩咖啡机为什么会发出这样的噪音，好像它寿命将尽。我想象着，如果它真的坏了，我喝不到清晨的第一杯咖啡，这一早我该怎么维持跟我妈的这通电话。

"我正在考虑写一本关于九型人格与性格关系的心理书。"我说。谢天谢地，此时咖啡机里流出了我想要的咖啡。

"揪心人格？"母亲回了一句。

"不，我说的是……"

"矩形人格？"她说。还没等我开口她就来了第二句。

"九型人格，九、型、人、格。"我重复着。

"什么是鸠形人格？"她问。

事实上，我第一次说的时候她就听明白了。母亲已经82岁了，而67年间，她抽烟、不爱锻炼、爱吃培根，身体却没有什么大毛病。她不用戴老花镜，也不需要助听器。她精神矍铄，头脑灵活，让人觉得尼古丁和不运动才是快乐和长寿的秘诀。

我笑着继续介绍九型人格与性格的关系。"九型人格是古老的人格分类体系，能帮助人们了解自己的性格，找到自己奋进的动力。"我解释道。

电话那头长时间的沉默令人窒息，那感觉就像突然被人狠狠地甩进遥远星河中的黑洞。

"别写这个九块人格了，写一下死而复生吧。"母亲说，"写这些的作家都能赚钱。"

"他们也得先到鬼门关逛一圈。"我皱着眉说。

"这么较真。"她咕哝几声。我们笑了起来。

母亲的反应不太热烈，让我对研究九型人格与性格之间的关系这件事产生了些迟疑，当然我自己也有些许保留。

母亲是个典型的八号人格，一心要用出色的表现来掌握真理。我理解她因为童年的遭遇而为自己虚构出了一个能够制定标准的权威形象，她在这个形象的光环下生活得太久，早已相信自己就是塑造出来的这个样子，以至于实际的真实自我已经摇摇欲坠，甚至早已坍塌（连她自己都意识不到)。

九型人格是弥补性格缺陷的实用工具，而要了解自己的性格缺陷，自我认知是第一步。许多年来，我和同伴们已经帮助很多人走上了"认识自我—突破自我—疗愈自我—发展自我"之路，我们也常常得到"从混沌的生命中获得了澄明""收获了看待世界的宽容之心"等诸如此类的反馈。但对于我的母亲，我并不打算打破她的虚假形象。

原因在于，她有一个合拍的爱人——健康的三号人格——我的父亲。作为最圆滑却十分可靠的一种人格，他早已与母亲建立了独特的默契。当然，父亲也有他独特的性格缺陷，但既然他们在相守几十年后仍然觉得与对方一起生活能让彼此更加丰富、圆满，我又何必要强行改变他们呢？这可不是研究九型人格的初衷啊。

那么我是为何要研究九型人格与性格之间的关系，并坚定地走上这条路的呢？

☆ ☆ ☆

我曾在康涅狄格州的一个教会担任牧师。到了服务的第七个年头，在礼拜日前来做礼拜的民众，人数已达日均500人。虽然我对这里的民众深怀爱意，但也渐渐感到力不从心。我是有着进取心的开拓者，但教会显然更需要沉着稳重的引领者。

接下来的三年，我千方百计地改造自己，差点要去做手术了。对于教会需要怎样的引领者，我试着按自己的理解做出改变，但这一尝试从开始就注定是失败的。我越努力，事情却越发糟糕。我的种种失策，就像穿着宽大的小丑鞋踩进地雷区。最终，我带着困惑、伤感以及种种误解离开了教会，以这样的方式结束实在令我心碎。

离开之后，我陷入梦想破灭的迷失感当中。后来，一个十分担心我的朋友向我推荐了一位70岁的精神导师——戴夫修士。我的朋友鼓励我跟他谈一谈。

第一次见戴夫，他穿着黑色长袍和凉鞋，站在绿草如茵的修道院车道的尽头迎接我。他双手握住我的手，笑着对我说："欢迎你，要喝杯咖啡吗？"他的风格气度让我觉得我来对了。戴夫不是那种成天待在修道院礼品店里，卖蜡烛和手工奶酪的修士，他是一位充满智慧的精神导师，对人应施以慰藉，还是该直指要害，他了然于胸。

在最初的几次面谈中，戴夫耐心地倾听我长篇累牍的诉说。对于任期内的所有失误，现在回头再看才理得清楚，这让我不知所措。那时的所言所行，当时觉得正确，现在看来却明显是毫无意义，有些甚至对自己和别人造成了伤害。这是为什么？这就好比让一个有着诸多视觉盲区的人开车，怎么能这样？我自己都无法理解自己。

到第四次面谈，我觉得自己就像一个处于半疯癫状态的迷途背包客，一边在森林里寻找出路，一边大声地跟自己争论，一开始到底是怎么迷路的。

"伊恩！"戴夫打断我的絮絮叨叨，问，"你为什么来这里？"

"什么？"我错愕地说，仿佛被人拍了一下肩膀，从梦中惊醒。

他身体前倾，笑着问我："你为什么在这里？"

戴夫会巧妙地提问，这些问题看上去很简单，简单到好像在侮辱别人的智商。但当你尝试解答的时候，就会发现没那么容易。我望向他身后墙上的一排花饰铅条窗户，窗外有一棵高大的榆树，树枝被风吹得直往下弯。我想说出自己的想法，但总是词不达意。别人的话反倒是脱口而出，又恰到好处地表达出我的想法："因为我所做的，我自己不明白；我所愿意的，我并不做；我所恨恶的，我倒去做。"我很惊讶，像我这样连自己的手机号码都记不住的人，对《罗马书》第 7 章中的语录竟能信手拈来。"故此，我所愿意的善，我反不做；我所不愿意的恶，我倒去做。"作为回应，戴夫引用了同一章节中的语录。

我们安静地坐了一会儿，这些文字似乎流淌在空气当中，犹如微尘在一缕阳光中旋转着散发微光。

我终于从沉思中抽离，坦诚道："戴夫修士，我现在看不清自己，也不知道自己是怎么陷入这种混乱局面的。如果您能帮我厘清，我真的感激不尽。"戴夫往后靠着椅背，笑着说："好，现在我们可以开始了。"

☆ ☆ ☆

再次面谈的时候，戴夫问我："你了解过九型人格吗？"

"一点点吧，那过程有点匪夷所思。"我一边回答，一边换了一下坐姿。

我分享了我第一次接触九型人格的经历，戴夫听我说着，时而龇牙咧嘴，时而哈哈大笑。那是 20 世纪 90 年代，当时我还在一所保守派神学院读研究生。一个周末，正在休假的我偶然读到一本理查德·罗尔（Fr. Richard Rohr）所著的书《发现九型人格：一个古老工具带来的全新精神之旅》（*Discovering the Enneagram: An Ancient Tool for a New Spiritual Journey*）。罗尔在书中描述了九型人格中九种基础人格类型形成的特质和潜藏动力。基于我的生活经验，以及在顾问训练中学到的知识，我发现罗尔对人格类型的描述竟出奇地准确。

周一早上，我问我的教授是否听过这本书。看他的表情，我知道他还以为我说的是"五芒星"。他说，你应该把这本书扔掉，因为我们不提倡研究符咒、巫术、占星术和女巫——但九型人格中并未提及这些内容。

那时的我是一个年轻的、易受影响的人，虽然直觉认为教授的反应过于猜疑，但我还是听从了他的建议。当然，我没有真的把书扔进垃圾桶，作为藏书家，扔掉书籍是不可饶恕的罪行。我清楚记得这本被翻到卷了边的书放在我书房中书架的哪一层。

戴夫说："你的教授没有鼓励你学习九型人格真的太可惜了。它充满了智慧，能帮助人们冲破自我局限，弥补性格的缺陷，拥抱真正的本性。"

"'冲破自我局限'指的是什么？"我问。一直以来我都想这么做，但就是不得要领。

"这跟自我认知有关。大多数人认为他们了解自己是谁，但这并非事实。"戴夫解释道，"他们从不质疑他们看世界的方式，这种方式是怎么形成的，会怎样塑造他们的人生，也不管他们看到的到底是扭曲的还是真实的。更麻烦的是，大部分人没有意识到，在孩童时期为了保护自己免受伤害所形成的东西，现在已经变成他们前进的障碍。他们麻木了。"

"麻木？"我重复道，脸上堆满疑惑。

戴夫盯了一眼天花板，皱起了眉头。这次轮到他要找合适的语句来回答简单的问题了。

"未被我们认识的那一部分自我，会伤害我们自己，更别说其他人了。"他说着，用手指指着我，然后又指了指他自己，"如果我们不了解自己的世界观，不了解塑造自己的伤痛和信仰，我们就会受困于过往经历，就会像自动驾驶那样，在生活中无意识地行进，继续做着那些让自己和身边的人受伤和困惑的事情。当我们在生活中一次又一次地犯同样的错误，并对此习以为常，就会慢慢放松警惕，最终变得对错误麻木不仁。我们需要清醒过来。"

清醒，这正是我需要的。

"学习九型人格，能帮助人们发展自我认知，只有这样，他们才能看清自己，理解自己为什么会建立起这样的世界观，为什么与周围环境建立这样那样的联系。"戴夫继续说道，"当你做到这些，就能冲破自我局限，更接近本真的你。"

片刻之间，我想到了自己。我一直认为自己的自我认知程度比一般人要高，但过去的三年让我明白了，在自我认知方面，我要学的还有很多。

☆ ☆ ☆

我当时已经攒了三个月的公休假，正好有时间看书。我谨记戴夫的建议，闷头学习九型人格。有几个月，几乎每天早上我都走进街区巷尾的那家咖啡店，全神贯注地研读他推荐的书，写读书笔记。到了晚上，我会把这天从九型人格中学到的知识总结起来讲给我的妻子安妮听。这引起了她的兴趣，她也开始读这些书。我们因此收获了婚姻生活中最丰富、意义非凡的几次交流。

我们真的了解自己吗？我们的过去对将来的影响有多大？我们看世界的眼睛，是属于现在的我们还是幼时的我们？那些看不见的伤痛、童年习得的错误观念，还在背后无声无息地控制着我们的生活吗？还有，在这些问题之中挣扎求知怎么会对冲破自我局限有帮助呢？

这只是其中的一些问题，与戴夫的下次会面时，我就热切地把问题都抛了给他。我坐在他的办公室里，描述着几次令我惊叹的经历，这在我研究九型人格的过程中常常会出现。

"找到自己的人格类型时感觉会怎样？"戴夫问。

"这个嘛，也不都是欢欣鼓舞的。"我答道，"了解到一些关于自己的事情，挺痛苦的。"

戴夫转过身，从书桌上拿起一本书，翻开红色标签贴住的那一页。"认识自己不过就是认识自己的短处。应该用事实真理作为衡量自己所作所为的标准，而不是为了达到自己的目的歪曲事实真理。认识自己首先能让你懂得自谦。"他读道。

"概括得真好。"我笑着说。

"这是小说家弗兰纳里·奥康纳（Flannery O'Connor）写的，"戴夫说道，把书合上放回书桌，"就没有多少事情是他总结得不好的。"

"安妮呢？"他继续问，"这对她的影响如何？"

"一天晚上，她躺在床上读了一段她的性格特点描述给我听，结果她哭了。"我说，"她一直想表达内心的那个自己，但总苦于词不达意。九型人格于她而言可以说是一种恩赐。"

"似乎你们俩的开始还挺不错的。"戴夫说。

"我觉得是非常好。目前我们从九型人格中学到的知识，已经开始改变我们看待婚姻、友谊、教育的方式，也慢慢更接近真实的性格。"我答道。

"记住，只有一个办法能让你奉献更多爱给他人。"戴夫提醒道，"你和安妮要更好地认识自己，进一步明白你们真正的需要。同时，给予自己和他人更多的怜悯。"

"我想分享一下我读过的作家托马斯·默顿（Thomas Merton）的一句话。"我一边说，一边翻着读书笔记。

戴夫搓了搓手，点点头说："啊！默顿，你现在越看越深了啊。"他笑了起来。

"在这儿呢。"我说，翻到记下那句话的那一页，然后清了清喉咙，"我们迟早都要分清我们是什么、不是什么。我们没有成为自己想象中的样子，这是我们都要接受的事实。我们要抛弃的，是我们的过错，还有像低俗浮夸的衣饰那样的外在性格……"我慢慢地说不出话来，哽咽得无法继续读下去。

"继续读吧。"戴夫轻轻地说。

我深深地吸了一口气。"我们必须找到真正的自我，于内在的质朴中寻找，也到意义重大中去寻找：真诚、无私地去爱。"

我合上笔记，抬起了头，因为自己情绪激动，尴尬得红了脸。

戴夫侧着头说："默顿写的什么内容让你深受感触？"

我安静地坐着，不确定要怎么回答。修道院的钟声响了起来，提醒僧侣去祈祷。

"我感觉我昏睡了好长时间，可能现在开始醒过来了。"我说，"至少我希望是这样。"

每次我说了一些戴夫认为很有意义的话，他都会停下来，合上眼睛思考，这次也是这样。

戴夫睁开眼，说："你离开之前，我可以为你祷告吗？"

"当然可以。"我回答，并且稍微往前坐一些，方便戴夫用他的双手握住我的手。

"愿你在生活中看到心灵的存在、力量和光芒。

"愿你意识到你永远不会孤单，在心灵的光辉与归属之中，和世界的节奏韵律一起，你的心灵与你紧密相连。

"愿你尊重自己的个性与独特性。

"愿你认识到你的心灵独一无二，你在世上有特别的命运，在人生的外表之下，美好、永恒的事情正在发生。

"愿你学会每时每刻都带着喜悦、骄傲和期待来看待自己。"

"希望如愿。"我轻声说，回握了一下他的手。

☆ ☆ ☆

戴夫的祷告改变了我的生活。多年以来，对九型人格的研究让我看见自己，"每时每刻都带着喜悦、骄傲和期待来看待自己"。学习和教授九型人格让我看到，我的心灵由"扭曲之材"做成，其他人也如此。我因此认识自己，而这又让我摆脱了一些幼稚的做派，从心智上更接近成人。当然我还没有完全做到，但哪怕有那么一瞬间看到了一眼真实的我，这在精神世界中可不是一件小事。

后来，我结识了苏珊娜·斯塔比尔（Suzanne Stabile）。我们俩一见如故，成为那种没有大人看管就一起调皮捣蛋的朋友。

苏珊娜不仅仅是九型人格导师，而且是忍者级别的老师，就像《龙威小子》里宫城先生那种高手的级别。我很幸运，几年前由戴夫领着入门，现在由苏珊娜接着带我进入下一段旅程，教我理解九型人格与性格之间的关系，并将其应用于我的生活中。

本书中很多见解和趣闻均来源于苏珊娜的讲座，也有来自我的生活、多年来参加的各种研讨会，还有研读过的数不清的书籍，这些书都由著名的九型人格导师和领军人执笔，比如拉斯·赫德森（Russ Hudson）、理查德·罗尔（Richard Rohr）、海伦·帕尔默（Helen Palmer）、碧翠丝·切斯特纳特（Beatrice Chestnut）、罗克珊·豪-墨菲（Roxanne Howe-Murphy）以及利奈特·谢泼德（Lynette Sheppard）。但更重要的是，这本书体现了我和苏珊娜对彼此的深情厚谊和敬意。这也是我们唯一能想到的办法，可以用我们的经验和知识，努力创造一个更友善、更富有同情心的世界。希望我们能成功。即使不能，我们也享受这个过程。

九型人格带给我的是先要逐渐清晰和深入地了解自己

的性格缺陷，从而能够弥补自己的性格缺陷。我们无法选择原生家庭的样子，但可以保持开放的心态，通过不断学习，冲破原生家庭带来的性格局限，为自己补全人生缺失，活成自己喜欢的样子。

第2章

找到你的性格类型

神经系统科学家的研究表明，大脑的背外侧前额叶皮质对决策以及成本效益评估会产生影响。在我 15 岁的那个夏日的晚上，如果给我和我的朋友们做磁共振成像，会发现我们大脑的这个区域是灰暗的，意味着这个区域完全没有活动。

那个周六晚上，在我的家乡康涅狄格州格林尼治镇，一家高档私人会所举办了一场高尔夫主题宴会。我们一帮人想出了一个绝妙主意，觉得在这个宴会中裸奔是个不错的选择，除了让我们顾虑的两点：一是可能会因不当暴露而被拘捕；二是格林尼治镇不是很大，我们有可能会被人认出。经过几分钟的仔细考虑，我们决定让迈克回家给我们所有人都带一个滑雪面罩回来。

在这个温暖的八月的晚上，一个有着美丽橡木装饰的房间里，坐满了银行家和女继承人。大概 9 点，六个浑身光溜溜的男孩，戴着滑雪面罩，有几个面罩还有毛毛球装饰，像受惊的瞪羚那样，冲刺着经过了这个房间。屋里的男人鼓掌欢呼，珠光宝气的女人则被吓得僵坐在椅子上。我们倒希望他们的反应能调过来，但当时并没有足够的时间让我们停下来表达失望。

如果不是因为我母亲，这事本来应该就结束了。第二天早上，我走进厨房翻冰箱的时候，她问："昨晚你和你那些朋友都做了什么？"

"没干什么。就在迈克家里玩，大概半夜的时候就随便睡下了。"

母亲通常话比较多，所以，当她没有追问我其他朋友做了什么或者今天我有什么计划的时候，我有点疑惑，随即而来的是不安的感觉。

"你和爸爸昨晚做了什么？"我轻快地说。

"我们去参加了多夫曼在他们家会所举办的高尔夫晚宴。"她回答得阴阳怪气。

此时此刻，我真希望头顶上能掉下来一个氧气面罩，好补上肺里因震惊而被吸走的那口气。

"滑雪面罩？"她逼问道，声量逐渐提高，像一个生气的爱尔兰警察，一边拿着警棍在手里拍，一边慢慢走向我。

她的鼻尖距离我的鼻尖不到3厘米。"就算黑灯瞎火，我也能从一群人里一眼认出你瘦不拉几的屁股。"她低声威胁地说。

我紧张起来，正想着接下来要怎样面对，但暴风雨来得

快，去得也快。母亲的表情瞬间放松下来，露出意味深长的
笑容。她迈开步子，一边走出厨房一边说："这次你运气好，
你父亲认为那很有趣。"

性格"面具"

这不是我第一次戴上面具保护我自己了，远远不止一次。

人类为了生存，会做奇怪的事情。还是小孩的时候，我
们就本能地戴上那个叫"性格"的面具，掩盖真实的自我，
保护自己免受伤害，在这个世界生存下去。性格由很多方面
的因素组成，包括先天特质、应对策略、条件反射、防御
机制等，帮助我们理解和做到那些我们认为可以取悦父母、
满足文化期待、满足基本生存需求的事情。随着时间的推
移，我们的适应策略变得越来越复杂，策略的触发也变得频
繁、无意识，且带有预见性，让我们无法分清当下是触发了
适应策略，还是真实自我的反应。讽刺的是，常用于表示性
格的英文单词 personality，词源是希腊语中表示面具的词语
（persona），这似乎预示着，即使早就远离了幼年时期的生存
威胁，人们还是习惯戴上性格面具，来掩盖真实的自我。性
格面具不再为我们使用，而是控制了我们。性格，成了我们
思考、感受、行动、反应、处理信息以及看待世界的方式，
这些方式是可预测的，是我们自己和身边的人所熟知的。每
当我们按这些方式做事情的时候，人们总是习惯说"哦，他

/ 她就是那种性格"。这顶面具曾在童年时保护着我们脆弱的心灵，熬过童年生活中不可避免的伤害和损失，但现在它却让我们故步自封，成为固化我们人生的一种性格缺陷。

当认为自己的性格是一种定式时，我们就会忘记和失去与真实自我的连接，会忽略我们美好的本性。就如小说家弗雷德里克·比克纳（Frederick Buechner）尖锐的描述："最原始、闪亮的真实自我被深深地掩埋，大多数人都没有活出真实自我，倒是其他类型的自我轮番上台，就像因应气候变化而不断更换大衣和帽子。"

我虽然受过专业的顾问训练，但依然无法说清为什么会出现这种情况，只能说我的确有过这种与真实自我失去连接的经历。有多少次了呢？偷看孩子玩耍的时候、抬头看月亮陷入沉思的时候，我会怀念某些事，怀念很久之前就失去联系的某些人。我能感觉到一个更真实、更明亮的自我，被掩埋在生命中最深的位置。如果疏离这个自我，我就永远无法活得真实完整。或许你也有这种感觉。

正如默顿所写："在成为真正的自己之前，我们必须先意识到一个事实，那就是我们现时认为的自己，充其量是一个冒充者、一个陌生人。"好消息是，当你开始意识到这一点，九型人格便开始产生作用了。

通过九型人格认识你的性格类型，并不是要把你的性格删除或替换成新的。因为这不仅不可能，而且是个糟糕的主意。你要有自己的性格，否则想去舞会也没人邀请。九型人格的目标是自我认知的发展，学习如何识别和否定性格中让我们裹足不前的那部分缺陷，摘掉性格"面具"，让我们能与最真、最好的自我重新连接统一，如托马斯·默顿所说，找到那个"纯净剔透如钻石，闪耀着无形的圣洁光芒"的自我。

童年会影响我们的一生吗

找到纯粹的自我，需要经历一番探索。孩童时期，我们的心智还不懂鉴别好坏，会无意识地吸收全部信息观念并内化，但在这些信息中，有些可以赋予我们生命活力，有些却是伤痛。对于造成伤痛的信息，童年吸收了多少，后来就得花多少时间和金钱，请心理咨询师来帮我们再取出来，就像要挑出牧羊犬身上的芒刺。

例如，九型人格中的二号，童年时学会开心地把午餐的芝士饼干送给别人以赢得好感，长大了就学会了讨好别人；童年的五号在经过仔细观察其他小朋友如何玩耍后才犹豫地加入，长大后在面对情感和工作时就会表现被动。童年的我们既表现了天生的取向，也展示了性格的面具，我们下意识地希望面具能保护自己，但面具也会牵绊我们的延展。

好消息是，童年并不会影响我们的一生。自我认知可以改变我们的想法、观念和行为。通过自我认知，我们可以调整不适用的行为模式，拥抱真实的自我，放下错误的自我，回归完整。

九型人格的目标就是自我认知的发展。它通过帮助你增强自我认知和自我觉察，让你能更好地处理人际关系。对关系的需求和恐惧，都能通过九型人格得到更深入的理解。我们会知道，每一种性格类型都有能力构建健康、有活力的关系。各个类型的行为模式都在健康、一般、不健康的范围内变动，而增强自我觉察，能让我们把自己的典型行为规范在健康的范围，确保我们和最爱的人的关系不会被自己的行为破坏。

通过九型人格的认知，我们还能在成年后拥有更好的职业表现。基于性格中的优势和缺陷，选择适合自己的职业道路，看看现在正从事的工作是否适合，或者能否适应现时的工作环境。

我最近读到《哈佛商业评论》的一篇文章，企业家安东尼·詹（Anthony Tjan）在文章中写道："有一种王牌品质，在所有杰出的企业家、经理人和领导人身上都有体现。这种品质是自我觉察。作为领导者，提高自我效能的最好办法，是清楚了解积极性和高效决策的激励因素是什么。"数不清的书籍和杂志，从《福布斯》到《快公司》，关于自我觉察的文章说的都是：认识你自己。

很多公司和机构，如摩托罗拉、美国奥克兰运动家棒球队、美国中央情报局等，都利用它帮助自己的工作人员在工作中获得更多乐趣。斯坦福大学、乔治敦大学的商学院也将它列入自己的课程体系。

这些都在告诉我们：童年形成的自我并不会影响我们的一生，只要我们开启自我认知，性格中的缺陷最终能得到弥补。

九种性格类型

世界上有九种不同的性格类型，每一种类型都有其独特的世界观和潜藏动力，会对我们的思考、感受、行为方式产生深刻的影响。从幼年开始，我们就自然而然地会被其中一种吸引，并逐渐内化为自我的一部分，以应对外部环境、获得安全感。

说到这，你可能会像以前的我那样，对这个说法产生质疑，这个星球有超过 70 亿人，不可能只有九种基本的性格类型。去一次超市的油漆区，跟你那位优柔寡断的伴侣一起，为浴室墙壁寻找一种"最完美的红色"，你就能体会到了。

我最近才知道，超市真的有无数种可供选择的深浅不同的红色。这些选择可以让你的浴室变得明亮，但同时也会毁掉你的婚姻。同样的，尽管我们在幼年时期都会习得一种（只有一种）性格类型，但每一种类型都有无数种自我的表达方式。有些可能跟你的方式相似，但更多是完全不一样的外显方式——但你们依然是同一种原色的不同混合色。

九型人格的英文 Enneagram 来自两个希腊语词汇"九"（ennea）以及"图画"或"图形"（gram）。它是一个有着九个角的几何图形，描绘了九种不同而又相互联系的性格类型。每一个类型都是圆周上的点，且均与圆周对面的另外两个类型通过箭头相连，表明各种类型之间存在动态的相互作用。如果你还没有跳到本书的第二部分开始找你的类型，可以看图 1 来初步认识这个图。我也列出了九种性格类型的名称和简介，需

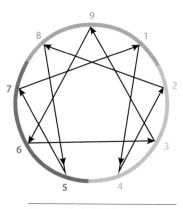

图 1: 九角星图

要说明的是，每种类型并没有优劣之分，都有其长处及短处，且没有性别偏向。

一号：完美主义者。注重道德、专注投入、稳当可靠，动机是按正确的方式生活，让世界变得更好，避免错误和埋怨。

二号：助人者。温暖体贴、乐于助人、乐于奉献，动机是被爱和被需要，避免面对自己的需求。

三号：表演者。以取得成就为导向、注重形象、追求效率，动机是获得成功（或看起来成功），回避失败。

四号：浪漫主义者。充满创意、感觉敏锐、喜怒无常，

动机是被理解，感受自己异常丰富的情感体验，避免变得平凡。

五号：研究者。善于分析、冷漠疏离、内敛孤僻，动机是获取知识，节约精力，避免依赖他人。

六号：忠诚者。忠诚坚定、敦本务实、机智幽默，倾向做最坏的打算，动机是恐惧和对安全感的需求。

七号：享乐者。有趣、随心所欲、乐于冒险，动机是对快乐的渴望，热衷兴奋刺激的体验，回避伤痛。

八号：挑战者。爱发号施令、争强好斗，动机是追求强大有力的控制感，避免无力感和脆弱感。

九号：和平主义者。为人亲切、泰然平和、圆融随和，动机是保持平和，与他人融合，避免冲突。

九种性格类型又可分为三个类型组，二、三、四属于感觉／心脏组，五、六、

> 谦卑的自我认识比深入学习更可靠。
> ——托马斯·肯佩斯

七属于恐惧／大脑组，八、九、一属于愤怒／腹部组。每个类型组中的每种类型，都被一种感受控制，每一种感受都对应一个身体部位，而每个身体部位也是一种智慧的中心。基本上，你所在的类型组就是换个角度描述你接受、处理、应对日常生活的惯用方式。

愤怒／腹部组（8、9、1），这组性格类型受愤怒支配——八号表露愤怒，九号忘掉愤怒，一号内化愤怒。他们

本能地，或者说根据直觉，接受或应对生活。他们倾向真实、直接地表达自己。

感觉 / 心脏组（2、3、4），这组类型受感觉支配——二号向外关注别人的感觉，三号无法分辨自己和别人的感觉，四号向内专注自己的感觉。他们用心接受和理解生活，他们比其他类型更注重形象。

恐惧 / 大脑组（5、6、7），这组类型受恐惧支配——五号表露恐惧，六号内化恐惧，七号忘掉恐惧。他们用思维接受和理解生活，倾向仔细思考和计划后再行动。

或许你已经大概知道自己属于这九种类型的哪一种。但九型人格不只是一小段构思巧妙的名称列表，名称只是一个开头。在接下来的章节中，我们不仅会依次学习每一种类型，还会研究各种类型之间的联系。相关的术语和图形，相互交织的箭头线条，看上去令人困惑，但不要气馁，我保证你很快就会理解。

我们根据类型组的特征进行讨论，而不是按数字顺序。八号、九号和一号放在一起，接着是二号、三号和四号，最后是五号、六号和七号。这样的排列对比很重要，不仅能让你清晰地看到各个类型与它的"同组室友"之间的对比，也能让你更好地理解九型人格，帮助你更容易找到自己的类型。

识别性格缺陷的根源

每种性格类型都有其独特的潜力和弱点，但我们习惯把自己性格的控制权交给弱点，而只有意识到这一点，我们才能克服这些行为。反之，如果认识不到，任由性格的缺陷潜伏在生活中，我们就会一直受困于其中。九型人格的一个目标，就是要帮助你找到性格缺陷的根源，通过自我探索，弥补性格缺陷带给生活的影响。

> 我认为，从没有人认识到，对于自我那令人沮丧的阴暗面，人们总是狡猾地回避。
> ——约瑟夫·康拉德

对一些人来说，缺陷意味着不好的感受或回忆，要讨论这个话题，很容易伤害到自我或者某个人。毕竟要直面自己的缺陷实属不易，有时甚至会痛苦不堪，因为这种直面让我们看清了自己令人厌恶的那一部分，而这部分却是我们最不愿意去面对的。但正如约瑟夫·康拉德所说："对于自我令人沮丧的阴暗面，人们总是狡猾地回避。而这一点，几乎没有人认识到。"

唐·里索（Don Riso）和拉斯·赫德森（Russ Hudson）在其联合著作《九型人格的智慧》中很好地描述了九种性格缺陷的根源。

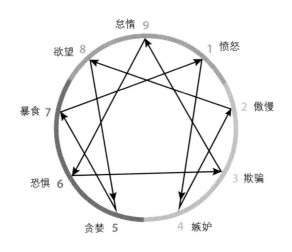

图2：九种性格缺陷的根源

一：**愤怒**。一号的性格缺陷来源于不受控制地想要让世界更完美，清醒地意识到无论是自己或是他人，都无法达到他们不合常理的高标准，他们的愤怒是郁积的忿恨。

二：**傲慢**。二号把他们的注意力和能量都放在满足他人的需求上面，同时又否定自己的需求，他们背地里认为只有自己知道对其他人而言什么是最好的，他们让自己变得不可或缺，这一点揭示了他们傲慢的本质。

三：**欺骗**。相比起客观的本质，三号更看重外表或表面。他们抛弃真正的自我，投射出虚假、讨好的形象。三号认可自己的表演，自己欺骗自己那就是他们真正的自我。

四：**嫉妒**。四号总认为自己少了某些至关重要的东西，而且没有这些东西他们就不会完整。他们眼中的别人的完整和幸福，源于他们的嫉妒。

五：贪婪。五号把自认为能帮助他们自力更生的东西都囤积起来，这种自我保留最终会导致他们拒绝别人的爱和感情。

六：恐惧。永远都想象最坏的情形，质疑自己面对生活的能力，六号遵从权威和信仰，寻求他们渴望的帮助和安全感。

七：暴食。为了回避痛苦的感受，七号沉迷于各种积极的体验，计划、期待新的冒险，享受新奇有趣的娱乐。七号永不满足，疯狂追求各种消遣，最终恶化到暴食。

八：欲望。八号经历高度紧张之后便会纵欲，在他们生活的方方面面都有体现。他们专横跋扈、挑衅生事，其实是为了掩盖内在的软弱而披上严厉冷酷、令人生畏的外衣。

九：怠惰。九号的怠惰不是行动上的而是精神上的懒惰。他们漫不经心，不理会自己的首要任务，不关心自己的个人发展，不想负起责任活出自我。

性格的动态迁移

九型人格其中一个优点是，它不仅可以通过增强自我认知，识别性格中的缺陷，还承认并考虑了性格的动态迁移这一本质。性格有不同的状态，并会根据环境的变化不断地调整适应，它有时健康舒适，有时不尽如人意，有时则疯狂透顶。总之，它总在一个范围内移动，从健康到一般，再到不健康，取决于你所处的环境以及当下发生的事情。

从九型人格图形可以看出，每一种类型都与另外四种类型有动态关联，与两侧的类型相连，同时也与箭头另一边的两个类型相连。两侧类型称为侧翼性格，箭头两侧的则称之为压力与安全性格。这四种关联类型可以看作是一种资源，可以让你了解它们的特性，或者说"酱料"或"味道"。你的主要动机和类型不会变化，但你的行为可能会被这些关联类型影响，甚至有时你看起来会更像关联类型的其中一种。

侧翼性格位于你所属类型的相邻两侧，你有可能向其中一个侧翼类型倾斜，显现出这种类型的性格活力和特征。例如，我的朋友多兰是带三号（表演者）侧翼的四号（浪漫主义者），与带五号（研究者）侧翼的四号相比，他更外向，更倾向通过行动获得认可，而五号侧翼的四号则更内向，更倾向退避。

如图 3 九角星图所示，压力性格是你的类型箭头向另一端指示，指当你负荷过重，或者遭到攻击责难，又或是和你那位含糊其辞的朋友或伴侣站在超市油漆货架前的时候，你就会往你的压力类型上转移。

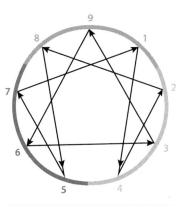

图 3：压力及安全状态箭头

例如，随遇而安、逍遥自在的七号往一号（完美主义者）转移，在压力状态下呈现出一号的消极特性，变得不那么随和，接受了非黑即白的思考方式。知道自己在压力状态下转向哪个类型很重要，因为当你发现转向被触发的时候，你能做出更好的选择以保护自己。

安全性格，则是在你感到安全的情况下，你会向你的安全类型发展，吸收其能量和资源，在九角星图中以箭头指向你的类型作为表示。例如，七号在安全状态下呈现出五号的积极特性，这时，他们能放下多多益善的执念，接受少即是多的理念。

从精神层面说，知道你的所属类型，及其在压力状态下会向哪个类型转移，是很有好处的。同样重要的是，在安全状态下，你会本能地向哪个类型发展。一旦你熟悉了这些工具，无论你是走向突破，还是遭遇失败，你都能识别和掌控自己，做出比以往更好、更明智的决定。

如何找到自己的性格类型

在阅读后续章节的时候，你可能会情不自禁地根据基础行为来确定自己的类型，但不要这样做。在每个章节的开头，"认识 * 号"的部分，都会有以"我"开头的第一人称描述，设计这些描述是为了让你初步了解某个类型的人会怎样描述自己，了解他们看问题的角度。在读这些描述的时候，你要记住，类型的确定，更多地取决于为什么做，而不是做了什么。换句话说，不要太依赖性格特征来确定你的类型，而应该读懂潜藏动机，看这些动机是如何铸造特质、激发行为，从而判别这是否适用于你。

例如，不同类型的人都会争取职位晋升，但原因却截然不同：一号无法抑制般想要改善一切，他们寻求晋升，可能是因为他们听说只有高级管理人员才有权力改善公司的无数缺陷，而在常规工作中，一号无法施展他们在这方面的才能；三号之所以争取晋升，可能是为了拥有一个角落的办公室，这对他们来说很重要；八号这样做，可能只是想看谁会蠢到阻止他们。动机才是最重要的！要找到自己的类型，你得问问自己为什么要做这些事情。

有助于你确定类型的，不是你现在的样子，而是你 20 岁时的样子。即使你的性格类型从未改变，但这在成年早期体现得更淋漓尽致，正如《朗读手册》的作者吉姆·崔利斯所说，"被称为'生活'的那部长期上演的连续剧，只有你会出现在每一集的每个画面里，但由于活的时间还不长，你还没有想明白这一点"。换句话说，你的大部分问题都来源于自己。

你应该找出最能清楚描述自己的类型，而不是你认为的，或一直想成为的类型。如果让我选，我想成为像斯蒂芬·科尔伯特（Stephen Colbert）那样有魅力、无忧无虑的七号，但我是"鲍勃·迪伦"（Bob Dylan）那样的四号，不过是没有天赋的普通四号。（在书中，对于每个类型，我都给出相应的名人，但都是基于我单方面的揣测，提及的人都没有自行提供相关信息。）正如作家安妮·拉莫特（Anne Lamott）所说，"每个人都犯过错误、受过伤害，都会依赖别人，总是惴惴不安"。所以，如果本来就是一团糟，换一种犯错方式又有什么意义？如果你要确定自己的类型，最好问问你的知心朋友、配偶或精神导师，把描述的内容给他们看，看他们觉得哪一种描述最接近你——但请不要伤害来使。

在读这些描述的过程中，如果你感到忐忑不安，那是因为这些描述捕捉到你内心世界的画面，就像黑客攻击了你的性格服务器，而那些画面就只保存在这个服务器里。这种情况意味着，你找到你的类型了。我第一次读到我的类型描述时，我觉得很丢脸。那种不愉快的感觉，就像老鼠在黑暗的厨房里，只顾着吃面包屑，没有听到屋主正在偷偷靠近，当灯突然亮起，老鼠根本没有时间躲避，被抓了现行，嘴里还叼着百吉饼。另一方面，我又感到安慰，因为之前我并不知道还有其他和我一样的老鼠。所以，不要因为有这种感觉而感到绝望。记住，每个类型都有自身的优势和劣势，有福也有祸。尴尬的感觉总会消失，借用小说家大卫·福斯特·华莱士的话："真相会让你自由，但你必须先面对它。"

不要期望能在自己身上找到所属类型的每一种特征，这是不可能的。只需要找到最接近你自己的类型描述就可以了。有些人花好几个月的时间去研究各个类型，收集别人对自己的反馈信息，然后才有信心确定自己的类型，这或许能让你略感安慰。

我经常听到九型人格的初学者会把所学内容转化为武器，用以驳倒或嘲笑别人。有些人对别人说类似"你真是个不折不扣的六号"或"别再像三号那样做了"这样的话，听到这些我会感到很生气，尤其是在说话的对象根本不知道九型人格是什么的情况下。九型人格的作用，应该是使人振作，帮助人们在追求自我完整的旅程中，不断前行。

有些类型描述可能也会让你联想到家人、同事或朋友。

你可能会想打电话给你的姐姐或妹妹，告诉她，小时候她让你每天痛苦不堪，那时以为她是被恶魔附身了，但现在你明白了，那其实是她个性使然。千万别这样，太招人烦了。

"我不想被归类，也不想被设限。"我和苏珊娜经常听到这种忧虑。别担心！九型人格不会把你限制在"盒子"里，它会让你看到已经限制住你的那个"盒子"，还告诉你要怎样摆脱它。那是好事，对吧？

还有很重要的一点：有时，你会觉得我们更多地关注类型的负面特质，而不是积极的品质。的确是这样，但这是为了让你更方便地找到自己的类型。根据我们的经验，人们更容易理解性格中有缺陷的部分，正如苏珊娜经常说的："让我们认清自己的，不是我们做对的事情，而是做错的事情。"情况确实是这样，但别不开心啊。

还有，要有幽默感，对自己和他人都要常怀怜悯之心。上天有时并不公平。你的父母不是你选的，你的疯子兄弟姐妹不是你选的，你在家庭中的出生顺序也不是你选的。你无法选择在哪个城镇出生，也无法选择儿时的家坐落在小路的哪一边。在这些问题上，没有人征求过我们的意见。但随着时间的推移，我了解到，我们总希望别人都围着我们转，这就是我们的灰暗面，源于我们自身的欲望。除此以外，我们还常常身陷困境，即使我们并非始作俑者，也有责任采取相应的行动。无论如何，对自己要常怀怜悯之心。自卑从来都不能治愈我们，为我们带来持续的转变，只有爱能做到这些。这好比一场精神实践，对此，我们都应心存感恩。

现在我们可以开始了。

THE
ROAD
BACK
TO YOU

第二部分

弥补你的性格缺陷

第3章
"按我说的做，不然就走开"——挑战者八号

要么带着我，要么跟着我，别挡着我。

——乔治·巴顿将军

认识八号

1. 别人都说我太直率、太好斗。

2. 我做事不会半途而废。

3. 我喜欢辩论，想借此看看别人有什么能耐。

4. 在一段对我很重要的关系之中，我坚持坦诚面对冲突，通过争论来解决问题。

5. 于我而言，信任别人相当困难。

6. 公平值得我们为之奋斗。

7. 我能在初次见面时发现对方的弱点。

8. 我觉得拒绝别人不是什么难事。

9. 我欢迎别人提出相反的观点，直接说出来就好。

10. 我会凭直觉迅速做出决定。

11. 我不喜欢别人拐弯抹角。

12. 极友善的人会让我提高警惕。

13. 进入新环境时，我能马上分辨出做主的人。

14. 那些不捍卫自己利益的人无法赢得我的尊重。

15. 我的其中一条座右铭是"高效的进攻更胜于有效的防御。"

16. 不要骚扰我关爱的人。

17. 我知道我受人尊重，但有时我也想受人爱戴。

18. 我不怕对抗欺凌弱小的人。

19. 如果上天要让人轻易袒露心迹，为什么人类的心脏会被藏在躯干之内？

20. 在我强硬的外表之下是一颗柔软有爱的心。

健康的八号可以是好朋友、杰出的领导者和捍卫者，帮助那些有需要的人。他们有智慧、勇气和毅力去做别人认为做不了的事情。他们懂得在正确的时间以正确的方式运用自己的能力，也懂得合作，重视他人的贡献。他们理解脆弱，有时甚至欣然接受。

一般的八号，倾向使用强势手段，而不是进行温和交涉。他们的思维是二元的，也就是，人不是好就是坏，观点不是对就是错，未来要么光明要么暗淡。他们倾向于做领导者，不愿意做追随者，为了在情感上保护自己，他们表现得很强势。许多八号都是领导者，要求他人毫无保留地追随，但他们无法容忍优柔寡断或办事不力的人。

不健康的八号总觉得自己会被背叛。他们疑神疑鬼，不轻易相信别人，遭受不公就会伺机报复。他们认为自己可以改变现实，制定自己的规则，还期望别人遵守。八号在这世上的所作所为是毁誉参半，他们认为人在这个世界上就是被利用的，别人所做的贡献毫无价值可言。

☆ ☆ ☆

我们刚搬到纳什维尔时，一位新邻居邀请我们一家去参加他们家的晚宴。我的儿子艾丹当时只有 13 岁，晚饭时，他分享了美国国家公共广播电台（NPR）《考虑一切》（*All Things Considered*）节目中的一个故事，他是在放学回家的路上听到的。艾丹正在讲故事的开头，三句话都还没讲完，饭桌对面的一个中年男人就用低沉的声音打断了他："只有喝拿铁、穿紧身牛仔服、抽丁香烟的嬉皮士才听 NPR。"

艾丹瞪大了眼，脸也变红了。我们的社区大部分是保守党派的支持者，但艾丹还不懂这些。社区里的一些居民认为 NPR 只不过是宣传工具，被那些毕业于常春藤名校的激进党派控制着。这位邻居随后开始关于激进分子的长篇大论，包括有意造成全球变暖以摧毁资本主义、他的比特犬去狗公园是有权带手枪的，等等。

一阵令人难受的沉默在房间里弥漫。正当我想替艾丹说点什么时，我听到清喉咙的声音从我女儿凯莉坐的方位传来，那声音的意思是："飞行员呼叫庞巴迪，打开炸弹舱舱门。"她瞄准目标，准备投放她的词藻炸弹。我正要喊："快逃，小鹿斑比，快逃！"但是没有时间了，我只好希望他自求多福吧。

凯莉当时 22 岁，是米德尔伯里学院的大四学生，这家学院是美国比较好的文理学院。这姑娘聪明极了，无法容忍愚蠢之人，而这些人还捉弄她在乎的人，她更是无法忍受。

她拿起膝盖上的餐巾轻擦嘴角，接着平静地把餐巾叠好，放在盘子旁边。然后，她转过身，面对那个让她弟弟难堪的男人，说："你在开玩笑吧？"她盯着他，就像豹子盯着猎物一样。

那人挑了一下眉毛，回道："说什么？"完全没有意识到自己就要遭罪了。

凯莉转向其他人，对着那人做了一个手势，就像马戏团指挥做手势示意大家看大炮里射出来的小丑那样，她说："各位，我看这就是极端派别主义者，不加思考地一概接受广播里的所有保守派言论。"

那人坐在椅子上不安地换了换姿势，又吸了一下鼻子，"小姐，我……"

她把手举高到那人的面前阻止他说话，就像拦停车流的警察那样，接着把他言论中的漏洞一个个揪出来撕得粉碎。

无情的批评攻击持续了好几分钟，我觉得自己有义务阻止这次攻击。

"谢谢你，凯莉。"我说。

她接着说："先生，帮个忙，发表言论要有重点。"她妙语连珠，把那人批判得"体无完肤"。然后她打开餐巾，把它放回膝盖上。"请把盐递给我好吗？"她说着，那气势就像成功捕猎后的猛兽在舔爪子。

凯莉是九型人格中的八号。

八号的人格画像

愤怒是八号生活中的支配情绪。他们有强烈的独立意愿，内心蕴含着对抗能量，要让自己变得强大，要对抗权力。

1. 八号认为别人不值得信任，除非你能通过证明让他改变这个想法。这样看来，愤怒是他们的"必备"情绪，也就不足为奇了。他们的情绪似乎一触即发，就像取暖器散发热气那样，让别人感受到他们的情绪。愤怒对他们来说司空见惯，一般的八号有点武断，动不动就"发射子弹"攻击别人，完全不考虑后果。然而，他们这种稍纵即逝的愤怒，实际上是一种无意识的防御策略，以免承认弱点或暴露脆弱。八号把愤怒当作一道屏障，把那个心胸开阔的、天真的孩子藏在屏障后，不让别人看见，保护孩子那柔软、温和的感情。那个孩子就是儿时的八号。

2．**八号从不闪烁其词。**要么做，要么不做；要么全情投入，要么不闻不问；要么做大做强，要么回家待着。他们向往无拘无束的生活，不想被任何人约束。他们要释放原始的冲动以满足他们的欲望。这种冲动、孤注一掷的方式让八号容易沉沦放纵。工作、聚会、饮食、锻炼、消费，他们做什么都会过度。对于八号来说，拥有太多的好东西才会满足。就像我的一个八号朋友杰克说的那样："如果一件事值得做，那把这事做过头也值得。"

八号这些热血沸腾、激情四射、争强好斗的能量会带给别人压力和威胁。一般人去参加聚会是想玩得开心，和有趣的人交谈，而不是和哈佛辩论队的神童队长来一场唇枪舌剑的较量。八号的这种表现并不是针对某个人。虽然听起来很奇怪，那些让你感到受威胁的事，对于八号来说是关系密切的表现。他们认为冲突形成关系。

3．**据我观察，八号并不认为自己是暴躁的人。**事实上，当他们知道别人觉得他们咄咄逼人、冷漠无情、盛气凌人，会由衷地感到惊讶。"我每年的评估报告得到的反馈都是一样的。"吉姆告诉我（他是八号，曾是纳什维尔唱片公司的高管），"我老板说，在销售方面，我所向披靡，但我的下属经常投诉我专横、粗暴，无视他们的想法。我真的不知道我身边的人会有这种感觉。"八号认为自己真诚、直言不讳，他们敢于直面生活带来的任何问题，也从来不会遮遮掩掩。

4．**八号非常在乎正义和公平。**他们为寡妇、孤儿、穷人和边缘群体积极地倡议发声。他们敢于质疑强权，敢于对抗和推翻压迫和独裁，可能是九型人格中唯一有这种勇气的类型。点开我女儿凯莉的"脸书"主页，你肯定能看到一张她最近在抗议游行的照片，游行的目的，可能是要倡议制止警察暴力执法，或提高最低工资标准，或迫使大学停止参与化石燃料公司的经营。你得去别的主页找可爱的猫咪表情包了。

虽然八号的确发自内心地关注正义和公平，捍卫弱者的利益，但他们的这种表现其实还有隐藏剧情。八号在孩童时期目睹或经历过一些自己无力改变的事情，这对他们产生了负面影响，弱势群体让他们感同身受，让他们迫不及待地想要提供帮助。

八号对正义的关注是很了不起的，直到他们穿上紧身衣和斗篷，自封为超级英雄，替弱势群体复仇，恢复正义天平的平衡。这对八号来说极具诱惑，因为他们的思维是二元的。在他们眼里，事情只有黑或白、好或坏、公平或不公平之分；他人要么是敌人要么是朋友、不是强就是弱、不是精明就是愚钝。八号认为，他们掌握的是事实依据，其他人的仅仅是观点。他们绝对相信自己在问题上的观点或立场是无可辩驳的。他们对事物的观点的表达从来不会语焉不详，因为没有明确的立场，或者对自己的立场没有绝对把握，这就意味着软弱，或——八号的禁区——懦弱。如果你想说服他们，我建议你带上睡衣，因为这个夜晚将会很漫长。

5．**八号重视真相，面对面的抗衡让真相浮现，没有比这更好的办法**。八号认同的人，是那种在发生激烈冲突的时候会动手的类型。对抗能曝光隐藏的真相，迫使人们将真实的意图、隐藏的计划公之于众，看清哪些人能坚持自己的立场，哪些人值得信任。

每个类型都有独特的沟通风格。了解各个类型的谈话风格，不仅能让你了解别人的类型，也能帮你缩小范围以便找到自己的类型。八号的谈话风格是命令式的，经常使用祈使句，并以感叹号为结尾。

大多数人在面对冲突时不会感到精神振奋，而八号却能通过冲突变得精力充沛。节日聚餐的时候，如果谈话变得平淡无奇，八号会拿出手机偷偷地在桌子底下查看电子邮件。如果还是索然无味，他们就会"出手"，抛出类似于

> 为你的目标而战，则虽败犹荣。我眼里的失败者，是那些没有任何目标的人。
> ——拳王阿里

"我宁可跳车自尽，也不愿在这个总统的任期内生活四年"的话题，然后坐看好戏。

八号人格易出现的性格缺陷

八号被称为挑战者，是因为他们争强好斗，爱挑衅对抗，总给别人带来高强度的压力，他们对待生活的方式，就像西哥特人和他们的国王阿拉里克对待罗马那样：洗劫

一空。

八号的行事动力是欲望，但不是指性欲望。八号追求高强度的状态——他们好比人型高压发电机，活动和能量在哪里，他们就在哪里。比起其他八个类型，八号拥有更多的能量。如果找不到，他们就自己制造出来。他们热情似火、风情万种、率直朴实、精力充沛，把生活这杯酒一饮而尽，啪地放下酒杯，立马安排上第二轮。

八号出场仿佛自带 BGM（背景音乐），他们一走进屋里，你就能感觉到，即使他们还没走到你眼前。这个环境并不是被他们的强大气场填满，而是被控制了。他们豪爽健谈、乐于交际，用不了几分钟，他们就开始用响亮的声音、夸张的手势以及强行论断的观点来控制现场，就像统治者一样。

著名的八号：
马丁·路德·金、
拳王阿里、
安吉拉·默克尔

想象一下，在男更衣室里，一群男人站在一起，抱怨瑜伽课很"困难"，这时，巨石强森裸露着上半身从他们身边走过，看了他们一眼，现场安静肃穆。一定有人会立刻弯下腰，说："欸，谁看见我的隐形眼镜了？"

有没有令你联想到你认识的谁呢？

八号欣赏力量，如果你不愿意直面他们，他们就不会尊重你。他们希望身边的人与他们旗鼓相当，坚持自己的信念。当八号开始捶胸拍臂欺负人，试图发出威胁的时候，你最不应该做的就是举起白旗投降。

八号从来都不喜欢失去对局面的控制，这也是他们不常说"对不起"的一个原因。八号要掌控一切。如果你告诉他们，他们说的话或做的事伤害了你，他们可能会指责你太敏感，从而使事情变得更糟。出问题的时候，缺乏自我意识的八号会迅速地指责别人，而不是承认自己的错误并为自己的错误承担责任。对于心智不成熟的八号来说，表达悔恨或承认他们的错误意味着软弱。他们担心，如果承认错误并为之道歉，将来会有人旧事重提，并以此来要挟他们。

八号对家人也是性格强势，爱发号施令，凡事要自己做主。除非你奋力反抗，否则他们就会管着你的财产、家庭社交日程、电视遥控器和支票簿。

八号的敌对情绪会破坏他们的人际关系。九型人格让我们清楚地看到，有时问题的解决方案往往比问题本身更糟糕。八号不断试探他人的底线，对人过于直率，也太过冷漠，采取对抗性的处事方式，总认为坚持自己的观点才是正确的，而且行事冲动。这样子不可能不受攻击，但为了不让自己失去控制，哪怕经历情感伤害和背叛，他们也在所不惜。

心智未成熟的八号，会让别人感到被欺负、受威胁，当别人受够了这些感觉，就会从关系中抽身离开，在职场中则会联合起来对抗他们，在社交上会排斥他们。可悲的是，这些情况恰恰证实了八号最深的恐惧，这个世界的本质就是危险的，他人是不值得信任的，被背叛也是极有可能发生的。

八号渴望支持那些想要发挥潜力的人，他们知道如何使人变得强大，如何激发别人最好的一面，他们会想方设法以帮助别人达到他们想要的人生目标。他们要求的，只是要你付出 150% 的努力去实现目标。否则，八号就不会再继续支持你，转而寻找其他愿意付出努力的人。

八号的童年和原生家庭

八号性格特征是如何形成的？苏珊娜和我听到的最普遍的说法是，在八号的成长岁月里，一些经历让他们被迫舍弃自己的童真，承担起自己甚至是他人生活的责任。有些八号在不稳定的生活、家庭环境中成长，在这种情况下，坚强会获得回报（这一点不适用于我女儿，她的成长环境可谓人间乐园）。还有些人表示，他们在学校里一直被欺负，最后清楚地认识到，能依靠的只有自己。这些困境不一定就是你的童年经历，但不要因为没有类似的经历，就否定自己是八号或者其他类型的可能。

无论因何而起，这些在孩童时期就形成的观念令人伤感："这个世界充满敌意，只有强者才能生存，而弱者或无知之人会在情感上遭到伤害或背叛。"所以，应该穿上盔甲武装自己，永远不要让别人看到你软弱的一面。八号很担心被背叛，这就是为什么他们生活中可信任的朋友屈指可数的原因。

再长大一点，他们观察玩耍的沙箱、家庭的环境，发现这是一个"强权即公理"的世界，在这个世界里有两种人——控制者和服从者。他们明白软弱的小孩总会成为别人的追随者，并发誓说"绝对不是我"。八号并非要成为控制者，他们只是不想被控制，虽然这从表面上无法分辨。（如果你不能分辨这种差异，你永远也无法真正理解八号。）

我最喜欢的一个关于八号的故事，是关于苏珊娜的女儿乔伊。乔伊 5 岁的一天，苏珊娜收到日托中心主任的语音留言。如果你有孩子你就会知道，这样的电话意味着你的孩子要么是把早餐吐在了乐高桶里，要么是孩子需要一些重要的东西，而你这可悲可怜的家长却没办法把东西送过去。也有可能你的小孩一直在咬人，整个早上的"正面管教"没有起到任何效果，得用"口套"才能起到作用。无论如何，这意味着你必须去面对校长。

但是苏珊娜惊讶地发现，她要面对的并不是那些典型问题。这周早些时候，乔伊预约了和日托中心主任汤普森夫人的会面，这让汤普森夫人非常困惑。

"苏珊娜，你能想象到，我们从来没有遇到过 5 岁大的孩子要求正式会面，"汤普森夫人解释说，"我的秘书不知道该怎么做，也就安排了预约。"

"她为什么想见你？"苏珊娜问。

"是这样的，乔伊走在我前面，先进了办公室，她建议我们坐下。我坐下了，但她没有，这样她就和我平视了。她把一直用手臂夹着的文件夹递给我，说：'汤普森夫人，谢谢您与我会面。我有个问题，已经和我的老师谈过了，但她帮不上什么忙。我知道大多数孩子都需要午睡，但我不需要。与其被迫无聊地躺着，不如让我做一些事。'"

汤普森夫人这时拿出了乔伊的文件夹，里面装着她的所有卷子，每一张卷子都贴了金色星星。乔伊把这些卷子作为证据拿给汤普森夫人看，以证明她无可挑剔的能力和无与伦比的计划：既然她不需要午睡，而且她的卷子也完美无缺，就应该让她在午休的时候帮助老师修改卷子。

"这个工作我每小时只收取 1.47 美元。"乔伊说着，挺直了身子。

讲完故事后，主任说："苏珊娜，我可不能付钱给她！这是违法的！"

"所以你就只说了不可以？"苏珊娜问。

汤普森夫人难以置信地皱着眉，这表明她认为乔伊的提议完全是不可能接受的，即使乔伊并没有让她觉得她可以选择拒绝。

这个故事的重点不是要证明八号是欺凌者。（除非是非常不健康的八号，否则他们不是典型的欺凌者。欺凌者是借欺凌行为以抵消和掩盖自身的恐惧，而八号并不惧怕任何人。因为他们关心正义，本能地想要保护弱势群体，八号更有可能正面对抗欺凌者。）即使只有 5 岁，乔伊已经充分展示了她的八号特质，说明这些特质深深植根于八号的人格之中。

像乔伊那样的八号孩子，经常先于所有人行动，并且希望能得到独立行动的允许。相对于大部分成年人，这些孩子更相信自己。他们有足够的毅力迎接挑战，完成任务。

年少的八号面对限制时也会乖乖听话，但他们的动机与取悦他人无关，更多的是希望自己表现良好后会得到更多的自由和独立。他们不觉得需要顺从别人，但他们知道什么时候遵守规则对他们有利。事情看上去没人管的时候，这些孩子真的会接过手来，并且表现得相当好，我的女儿凯莉就是最好的证明，有人认为这一定是我们良好教育的结果，但我们要说的是："你为什么会认为我们跟这有关系呢？"

不好的方面是，独立自主让这些孩子过早地忘却童真，但要在日后的生活中重拾童真却很困难。他们需要找回一些坦率，别人的童年拥有的正是这一份坦率。他们需要记起，生命中的某段时间里，他们不需要通过掌控所有来获得安全感，相信别人能保护他们。错误和软弱教会我们的，他们也需要：明白向别人道歉的价值，知道如何原谅别人，以及只有在跟随别的领导者时才能得到的经验。如果他们的胆识在发展过程中没有得到塑造和引导，成为积极向好的力量，往后就会发展成为对抗世界的力量。

亲密关系中的八号

我喜爱身边的八号，拿世界上任何东西来交换我和他们的关系，我都不会答应。这并不意味着八号容易相处，但他们值得你付出关心和精力去成为他们的朋友、伴侣。

一天晚上，朋友埃德来我家吃晚饭。他是我的家族朋友，也是一个八号。小时候，我的家和他的家只有一户之隔，我还是婴儿时他就认识了我，一直看着我长大。我爱他像爱我父亲一样，但他也不好对付。吃甜点时，我提到我非常喜欢电影《鸟人》。

"那部电影太烂了。"他说，"电影太长了，开头蠢得可以，而且迈克尔·基顿（Michael Keaton）也已经大不如前。真不明白为什么有人会认为《鸟人》是部好电影。"他一边说一边比画着手里的叉子，像在击剑一样。

和大多数八号一样，埃德的处事方式是"射击，瞄准，准备"。他是直肠子，说话前不会多想。也许经过多年的相处，每当埃德的直言直语像推土机一样"碾压"我的时候，我已经学会了把"被压扁的"自己从人行道上"撕下来"，再掸掉身上的尘土。但作为九型人格理论的学生和老师，我决定和他"短兵相接"，看看会有什么结果。

"你算老几？罗杰·艾伯特很了不起？"我隔着桌子用手指指着他，用大男孩的语气说。"剧本优秀，导演的表现完美无瑕，而且我敢跟你赌 300 元，迈克尔·基顿会获得奥斯卡提名。真不明白为什么有人会认为《鸟人》是部烂电影。"

一桌子的人都僵住了，我的孩子们似乎要准备成为孤儿了。埃德靠在椅背上，好奇地看了我一会儿。

"有点道理。"埃德一边笑一边挖他的提拉米苏。

就这样结束了。

在场的人都恢复了正常的谈话，就好像我们短暂的小冲突只不过是插播的一小段广告。跟八号相处就是这样，他们尊重你坚持自己的立场，对峙过后就像什么事都没发生过一样。

八号要不加修饰的真相。除非你想和八号长期保持疏远的关系，否则永远不要对他们撒谎，给他们的信息也不要模棱两可。你说的必须是事实真相，毫无隐瞒，所言无他。信息就是力量，因此八号要应知尽知。为了举个例子来说明这一点，我们快进到十五年后的苏珊娜和乔伊。乔伊从大学回家的时候，在路上遭遇了严重的车祸。她的肩膀骨折，髋骨脱臼，身上还有严重的瘀青。乔伊接受手术前，苏珊娜见到了她。她伤得很重，整张脸都被路上的碎石压出一个个坑，这让苏珊娜非常震惊。

乔伊强忍着泪水问："妈妈，我看起来很糟糕吗？"

"是，亲爱的。"苏珊娜说，"的确是这样。"旁边的护士倒吸了一口气。苏珊娜告诉我，全球女性都把这种倒吸气看作是一种故意表达个人评判的方式。吸气的声音越大，对对方的评判就越深刻。但是苏珊娜知道八号总是要知道真相，所以她没有敷衍了事。八号不希望你通过隐瞒真相来保护他们，或者略去不愉快的细节来表达你的爱护。在八号的心目中，真相是至关重要的，因为如果他们不知道真相，他们就不知道到底发生了什么事情；如果他们不知道发生了什么事情，那么他们就无法控制局面，而失控是八号最不愿意陷入的状态。他们会觉得你这样做无疑是让他们在风中飘摇，把他们暴露在危险之中。没人愿意失去八号的信任，因为要赢回他们的信任需要花费很长时间，所以一定要先说真相。

八号是"不抱怨、不解释"的类型。他们不会找借口，期望你也一样。如果你正在和一个八号谈恋爱，你必须知道你是谁，并且要独立。他们不想被你消耗精力，更希望你能为他们带来能量。他们喜欢辩论、冒险，喜欢把人激怒。

所有这些无法容忍约束的过度行为，都意味着八号需要朋友和伴侣的帮助来控制自己。正如你将学到的，"自我遗忘"是愤怒组中的三个类型（8、9、1）的标志特征。除了忘记了童真，八号还会忘记他们并非战无不胜的超人。许多八号没有自己想象中那么强大有力，但他们会对自己的身体提出不合理的要求，把自己的健康置于危险之中。你这么说他们可能会生气，但他们需要别人来提醒，适度节制是一种美德，而不是给他下限制令。

八号也有柔情的一面。如果你幸运地有一个八号生活在你身边，你就会知道，在愤怒的能量之下，他们还有一颗充满爱和柔软的心。对于为数不多的真心朋友，八号愿意为他们拦停疾驰的火车，为他们挡子弹。

当八号向你表达柔情，分享脆弱的想法和感觉时，你应该感到荣幸。八号总是把脆弱和软弱混为一谈，这是他们的一个大问题，所以他们很少放松警惕，让别人看到他们的脆弱，或对被理解和被爱的深切渴望。这就是为什么八号经常被九型人格中的情感类型（2，3，4）所吸引，因

> 积极地为正义之事而奋斗，是这个世界所承担的最高贵的运动。
> ——西奥多·罗斯福

为他们能帮助八号与自己的情感建立连接，并向外表达他们的情感。"我可以把自己托付给你吗？"是八号一直在寻找的答案。最终，他们希望找到一个能带给他们足够安全感的人，让他们可以放松戒备，吐露心声。

工作中的八号

健康状态下的八号是大家的"开心果"，非常喜欢笑，乐于娱乐别人，讲的笑话能让人笑岔气。但他们对待竞争也非常认真严肃，无论是温网公开赛决赛，还是小区业主友谊赛，与他们对决的时候你会发现，比起渴望胜利，八号更厌恶失败。

任何一种职业都能找到八号的身影。他们可以是杰出非凡的检察官、辩护律师、教练、传教士、商人和组织机构创

始人。因为他们喜欢管控一切，不受他人限制，八号通常是
为自己工作。

作为员工，八号可以是宝贵的人才，也可以是难对付的
员工，而他们通常是两者皆有。如果你幸运地拥有八号在你
的团队中，要让他们表现出色，你就要保持沟通畅通，不要
更改规则或突然改变计划让他们措手不及。八号有很强的直
觉，他们凭直觉来判断世界，欺骗或不诚实的味道，他们远
远就能嗅到。如果他们信任你，你就能成事；如果他们不信
任你，你睡觉也没法踏实。

八号想知道是谁在掌权，这样他们就能不断挑战和考验
权威。因此，你必须设定规则，定期提供诚实的反馈，建立
清晰、合理的界限。只要八号看到团队领导人有明确的目
标，他们就愿意追随。而对那些犹豫不决，没有勇气投身于
行动之中的领导人，他们就无法忍耐。他们寻求强而有力的
领导，你要么强硬起来给他们指明方向，要么指派一个比你
更有魄力的人来管理他们。

你还得让他们保持活跃。闲得无聊的八号，就像一只整
天被关在屋子里的小狗：如果不让它发泄精力，它就会把你
房子里的所有东西都啃坏。但当你走投无路的时候，八号是
你最需要的人。他们充满创意、灵活聪明、无所畏惧，他们
有一流的疑难故障解决能力，为确保完成工作，让他们睡地
板也可以。

美国企业界十分喜爱八号。（他们也重视三号，我们会

在后面谈及这个类型。）这里面的典型人物就是通用电气（GE）前董事长杰克·韦尔奇（Jack Welch）。他的坦率可谓声名远扬，他的领导风格相当强硬，但恰恰是这些特质让通用电气的利润获得指数级的增长，也为他赢得了"中子杰克"（Neutron Jack）的绰号。（不知道这个绰号会不会让他稍有收敛。）无论如何，八号的强势姿态和无穷无尽的能量会给予他人信心，得到人们的追随。

并不是所有的八号都会大声说话，或在谈话的时候，一边论述自己的观点，一边做空手道劈掌；也不是所有八号都壮实得让人害怕。这些是刻板印象，不是性格类型。定义八号的特征是，无论他们走到哪里，都会散发出强大的能量。无论是内向的还是外向的，高大还是矮小，男性还是女性，自由主义还是保守主义，我所认识的每一个八号，都自然流露出自信、无畏和力量。就像卡赞扎基斯（Kazantzakis）笔下的希腊人佐巴，他们充满活力，无论生活给他们带来什么，他们都会热情地回应。

性别在八号的生活中扮演着重要的角色。20 世纪 60 年代中期，我父亲失业了，我们的家庭也随之破产。为了养家糊口，我的八号母亲在康涅狄格州格林尼治镇的一家小出版社打工，岗位是秘书。在那个年代，校友关系网主导着出版界，要想获得升迁，女性并不是要打破玻璃天花板，而是要炸穿钢筋混凝土墙。但这并没有把我妈妈吓退。听写和泡咖啡这些工作，她做了 15 年，之后被任命为公司的副总裁兼出版人。

这就是八号：进取、坚韧、果断、创新、足智多谋，完成别人说不可能的任务。他们就是能做成事情。

回顾商界岁月，我母亲会告诉你，女性八号是九型人格中最被误解和最未被公平对待的类型。在我们的文化中，男性八号是受人尊敬和崇拜的。那些"强势，有名号"的人总是受到吹捧。可悲的是，对于那些在职场或社区中承担责任、坚持自己的信念、拒绝接受废话、把事情做成的女性，人们会用某个词来形容她们，这个词我们都知道。

> 男性执行裁员被视为决断；当执行人变为女性，同样的决策则被视为狠毒。
>
> ——卡莉·费奥莉娜
> （惠普公司原CEO）

我不需要把这个词写出来吧？

许多女性八号终其一生都在挠头苦思："我给别人的感觉是这样吗？别人为什么要这样对我？"易受到威胁和缺乏安全感的那些人，能不能都闭上嘴，让这些天赋异禀的女人离开惩罚席，让她们继续自己的生活，不会再受到打扰？

八号的性格动态迁移

在九星图上，每个基本类型的两侧，都有另外两个类型与其相邻。你的类型至少会吸收其中一个相邻类型的特性，这个类型就是你的侧翼。如果你是八号，而且你知道两侧中的哪个类型对你的影响更深，你就可以说"我是带七号翼的八号"或者"我是带九号翼的八号"。我们还没有提到七号（享乐者）或九号（和平主义者）的突出特征，但不难理解，这些侧翼为八号的性格带来不同的风格以及细微的区别。

带七号翼的八号（七翼八号）。这是个狂野的组合。带七号翼的八号性格外向、活泼、有趣，表现出七号的阳光性格，但同时也野心勃勃，冲动鲁莽。这种八号尽情享受生活，在所有类型中是最有活力和最具创业精神的。七号的能量掩盖了八号谨慎警惕的那一面，所以这一类型比其他八号更懂交往之道，也更合群。

带九号翼的八号（九翼八号）。带九号翼的八号的生活更张弛有度，更平易近人，更倾向合作而不是竞争，这体现了九号和平主义者的一面。因为九号具有调解矛盾的本领，九翼八号能接受和解，这可不是一般意义上的八号。他们乐于支持，态度谦逊，没那么暴躁，别人也因而乐于跟随。当八号拥有九号考虑事物两面性的能力，他们会成为优秀的谈判者，能很好地处理各种情况。

压力太大的时候，八号会转向不健康的五号（研究者），变得和五号一样缄默内向，甚至对自己的情绪也不敏感。有些人会失眠，对自己不加照顾，不好好吃饭，也不去锻炼。这种状态下的八号，对人对事都显得讳莫如深，对背叛高度警惕，也会固执己见，比平时更不愿妥协。这可不得了。

而有安全感的八号会接近健康积极的二号，关心他人，不刻意隐藏自己柔软、温和的本性。这个状态下的八号不会固持自己的观念，明白自己也应该倾听和重视他人的观点。他们开始相信比自己更有影响力的事物（是的，宇宙的确有些东西比八号更宏大），也愿意让别人照顾他们，即使只有很短的时间，这也让大家都很开心。与二号的积极面相连，让八号意识到正义不是由他们控制的。至少现在是这样。

如何弥补八号的性格缺陷

1. 你的欲望和热情支配了你的生活，你得让朋友告诉你什么时候做事过火或者表现极端。记住"适可而止"。

2. 找回一份自然的童真，善待你内心的小孩，和他交朋友。我知道，你没时间听这些废话，但这能帮到你。

3. 小心那种非黑即白的思维方式，尽量不要用这种方式思考。灰色可是真实存在的颜色。

4. 拓宽你对力量和勇气的定义，把脆弱也算进去。就算冒险，也要和你身边的人深入地分享你内心的感受。

5. 记住，你总会冲动行事，你应该"准备、瞄准、射击"而不是"射击、瞄准、准备"。

6. 你有没有在"真理市场"中独占鳌头、激战正酣的时候，停下来问自己一句"如果是我错了呢"？每天问一百遍。

7.你的个性丰满且强烈，程度是你自以为的两倍之大，因此，有些情况在你看来是激情所致，对别人而言却是实在的威胁。如果有人说你冒犯了他们，就无条件地道歉吧。

8.别总扮演叛逆者，试着不要与得体的权威人物对抗。他们并不都是坏人。

9.生气的时候，停下来问问自己，这是不是你在试图隐藏或否认脆弱的感觉？那种感觉是怎样的？你是如何用向外攻击来隐藏或抵御这种感觉的？

10.不要把自己或别人表达柔情视为软弱。卸下防备，让别人看到你内心的小孩也需要勇气。（我知道你讨厌"内心的小孩"这个说法。）

比起其他人，八号与原始的欲望有着更紧密的联系，甚至将其定为衡量标准。作为有限之物，他们试图去容纳无限的欲望，这真是力所不及。他们的能量如火一般，如果控制得当，可以安全地迎接人们，给予温暖。但就像所有的火一样，如果缺少如壁炉般的自我约束，它会把房子燃烧殆尽。

如果八号状态稳定、方向正确，有很好的自我意识，他们就会强大无比：勇敢无畏、宽宏大量、鼓舞人心、精力充沛、乐善好施、自信忠诚、直觉敏锐、坚守承诺、包容弱者。

如果八号没有对自我加以控制，像汽车自动驾驶那样任其自由发挥，他们会变得毫无底线、鲁莽、傲慢执拗、不肯妥协，有时甚至残忍。

八号要知道、相信以及感受的治愈信息是：世界上有很多值得信任的人，不过被背叛的风险总是真实存在。除非八号重新接纳内心那个没有太多防备之心的纯真小孩，否则他们永远无法获得爱和情感连接。被背叛的确让人痛苦，但也不像八号担心的那样会经常发生。即便真的发生了，他们也有足够的力量挺过去。

既然八号喜欢直截了当，那我也有话直说了：用霸道强硬的外表，掩藏对情感受伤的恐惧，这是懦弱的表现，没有半点勇气。冒险去感受脆弱、去爱才是真正需要勇气的。你是否有足够的力量卸下自吹自擂、唐突无礼的面具？这才是真正的问题。

我喜欢布琳·布朗的书《脆弱的力量》（*The Power of Vulnerability*）和《不完美的礼物》（*The Gifts of Imperfection*），建议八号把这两本书都读一读。在《不完美的礼物》一书中，布琳·布朗两次提及："感受爱、归属感和快乐，最能让我们变得脆弱，但放弃这些体验是非常危险的，更甚于我们冒险接受自己的脆弱。只有当我们有足够的勇气去探索内心的阴暗，才能发现内心的光芒所蕴含的无限力量。"布朗一语中的：脆弱是爱和人际关系的基底。想要爱和被爱，八号就得冒险向自己信任的人敞开心扉，吐露最心底的声音，虽然这部分人屈指可数。这相当于是入场费。

"懂得示弱，意味着我足够强大。"八号应该拿张 $3cm \times 5cm$ 的卡片记下这句话，将卡片贴在浴室的镜子上，把这句话视作人生准则。对于他们来说，这比"按我说的来做，不然就走开"那样的话有用多了。

第4章
"没关系，我怎么都可以"
——和平主义者九号

不去面对生活，就无法获得平静。

——弗吉尼亚·伍尔夫

认识九号

1. 我会千方百计地避免冲突。

2. 我做事并不积极主动。

3. 我有时会埋头做琐碎的事情，必须要做的事情反而被耽误了。

4. 我乐意陪别人做他们想做的事情。

5. 我做事时常拖延。

6. 别人总叫我要再果断一些。

7. 眼前发生的事情会吸引我的注意力，让我耽搁了正在进行的任务。

8. 我时常选择走障碍最少的路。

9. 规律的工作和生活让我舒心，规律被打断让我不安。

10. 别人眼里的我比真实的我更平和。

11. 我做事开头难，但一旦开始了，我就会坚持完成。

12. 我相信"所见即所得"。

13. 我不认为自己有多重要。

14. 我觉得对长时间的谈话保持注意力比较困难，但别人认为我是很好的聆听者。

15. 我不喜欢把工作带回家。

16. 我有时会沉湎过去。

17. 比起闹哄哄社交聚会，我更喜欢和我爱的人待在一起度过安静的晚上。

18. 户外活动让我觉得身心舒畅。

19. 别人对我提要求的时候，我会在心里暗暗较劲。

20. 如果一整天都随心所欲，我会觉得自己很自私。

健康的九号是天生的和平主义者。他们倾听并重视别人的观点，还能协调那些看上去是不可调和的观点。他们无私、灵活、包容，很少执着于自己的观点和处事方式，会根据正确的优先顺序来做决定。他们不但能鼓舞人心，还能做到自我实现。

一般的九号虽然亲切体贴、随和好相处，但同时也很固执，无法控制自己的愤怒。这类九号忽略了自己。他们大多数时候觉得自己不重要，只是偶尔会想起来自己也需要投资。他们愿意为他人伸张正义，但为自己却不愿意冒险付出太多。他们要求的不多，但会很感激别人对他们的付出。

不健康的九号总是做不了决定，从而变得过度依赖他人。为了减轻悲伤和愤怒的情绪，他们会做出麻痹自己的行为。为了维持"一切都好"的错觉，他们会在默许和公然敌对两种态度之间不停切换。

☆ ☆ ☆

20 岁出头的时候，我近距离接触过患有睡眠障碍的人。一天夜里，我被楼下厨房传来的声音吵醒，那声音听着像是小孩在轻声唱歌。这真让我受不了，因为前不久才看了韦斯·克雷文（Wes Craven）的电影《猛鬼街》（*Nightmare on Elm Street*），里面的小孩合唱令人毛骨悚然，每当他们唱"一、二，弗雷迪来找你了"，弗雷迪就要杀掉下一个受害者时，我就像主人公乔布那样，感受到了"深藏于黑暗中的恐怖"。

我拿着一个烛台，蹑手蹑脚地走下楼，发现是我的室友在梦游，他穿着短裤在客厅里跳舞，看上去毫无意识却跳得有模有样，还唱着麦当娜的歌《宛若处女》（*Like a Virgin*）。如果那时有智能手机，我把那场面拍下来，上传到网络，一定会走红。

现在想起那个画面我还是会笑出声，但其实梦游症是相当危险的。梦游时，有人会爬上40多米高的起重机，有人会开车，有人会从三楼的窗户走出去，甚至有人谋杀了亲家。

长期以来，不少杰出的专家都用梦游来比喻人的精神状态。如果不加控制，我们的精神会诱使我们进入半梦半醒的状态，进而陷入童年时期形成的那些习惯性重复的无意识反应模式，任人摆布到被催眠的程度。比起其他类型，九号的"梦游症"症状要更为激进强烈。一不小心，他们一辈子都会在梦游中度过。

九型人格导师约翰·沃特斯（John Waters）和伦娜·法弗－里奇（Ronna Phifer－Ritchie）形容得很准确，九号是"九型人格中的甜心宝贝"。我妻子安妮和我女儿玛迪都是九号。我对她们很是喜爱。心智成熟的九号平静、随和，放松地感受生活，随遇而安。他们适应能力强，性情平和，不会遇到点小事就慌出一身汗。作为九型人格中控制欲最弱的类型，九号让生活自然发展，也给他人以自由和空间，让他人按自身的节奏和方式成长。他们愿意毫无保留地付出爱，却不急于评判指责。虽然为了照顾别人付出很多，但却极少要求别人认可他们的努力。他们无拘无束、脚踏实地、务本求实，特别讨人喜欢。老实说，对于九号的好，对于他们的善行，我可以说是无以言表。但是九号对偷懒技巧也是了然于胸。经验告诉他们，运动的物体保持运动，静止的物体保持静止。如果事情太多，决定太多，或者改变的预期令人沮丧，让九号感到不堪重负，他们就会把行动放慢，因为他们知道如果完全停下来，需要花费很多精力才能让自己重新开始。正如苏珊娜说的那样："九号会慢慢开始做事，然后再把本该做的事情减少。"后面我们会提到九号更多的小缺点。

九号的人格画像

九号有几个群体特征：无私忘我、优柔寡断、容易分心，但并非所有九号都会表现出每一个特征，很多九号会在后面讲述的情景中看到自己。（或者，至少是疼爱着九号的朋友和家人能马上辨别出这些特征，然后九号会同意他们的看法，因为通过附和他人来维持和谐的状态是九号一贯的做法。）

1. **忘我和圆融。** 九号很忘我。愤怒号组中的三个类型都是忘我的，八号忘记休息和照顾自己，一号忘记放松自己和多玩一些，九号忘记自己的观点、偏好和要紧事。九号把别人的感受、观点和追求当成是自己的，却在这个过程中失去了自己。不成熟的九号漠视内心的呼唤，看不清自己的生活，说不出自己想要什么，更别提要努力追求自己想要的生活，而他们这样做只是为了不去扰乱自己的人际关系。事实上，他们深深地融入别人的人生计划和认同别人的身份，最后把别人的感觉、观点、成功和志向错当成是自己的。

九号位于九星图的最顶端，对这个世界一览无遗。从这个优势角度看去，他们不仅可以看清其他类型看待世界的方式，还能在一定程度上自然而然地将每种类型的核心特征优势纳为己用。正如九型人格导师里索和赫德森所观察到的，九号可以有一号的理想主义、二号的善良、三号的吸引力、四号的创造力、五号的智力、六号的忠诚、七号的乐观和冒险精神以及八号的力量。可惜的是，处于这样的优势地位，九号倾向于从其他类型的角度来看待世界，唯独忽略了自己的角度。或者正如里索和赫德森所说："唯一不像九号的是他们本身。"

九号会找一位坚定自信的伙伴，放弃对自己有益的边界，把自己与这位伙伴融合起来，他们理想化这位伙伴，希望从他身上找到一丝身份认同和人生目标。过了一段时间，他们就无法把自己和别人区别开来了。人们认为九号没有个性、消极被动、默默无闻、缺乏清晰的自我，这是

> 好多事情要做，我得先睡
> 一会儿。
> ——萨瓦谚语

因为他们觉得自己不重要，没有任何特别之处能引起重视或带来任何改变。九号显然是不显眼的。他们发散型的能量无处不在，同时却又毫无存在感，几乎没有人会留意到他们进出房间。正如九型人格导师利奈特·谢泼德（Lynette Sheppard）所写："和九号在一起，感觉就像掉进了一个宽大舒适的空间。"

在九型人格的所有类型当中，九号的毅力和精力是最

缺乏的。他们会像火箭一样起飞，但飞到中途，却屈服于惯性和"任务漂移"而迅速跌落回地球。九号经常会有很多未完成的任务——补了一半的浴缸，只修剪了一部分的草坪，差不多整理完的车库。他们可能会感到疲惫，并且有很好的理由：九号被甩到了愤怒 / 腹部组的中间位置。你也知道，和他们相邻的八号表露愤怒，另一个相邻的——抱歉，剧透了——一号内化愤怒。为了避免冲突和内心混乱，九号会无视自己的愤怒。但愤怒并没有消失，这只是意味着九号必须努力控制愤怒，不让它出现。这可是个让人殚精竭虑的任务。

不同于八号和一号，九号还要建立和维护两个边界：第一，不让外部世界对安宁的内心世界产生负面的影响；第二，要维持平静的内核，避免因自己的不安想法和情绪而心神不宁。无视自己的愤怒和维护两个边界需要花费很多精力，九号本来可以更多地把这些精力投入在自己的生活和发展自己上。难怪他们总是莫名其妙地感到疲倦，因为他们太累了，所以当手上没有任务、可以坐下来稍事休息时，九号有时真的会打瞌睡。

有时你会发现九号盯着半空出神，精神恍惚，好像灵魂出窍一样。他们的确是放空了。如果九号感到情况难以应对——比如有可能出现冲突，有人对他们提出要求，有时甚至没有明确的原因，他们就会转移注意力，从精神上回避到一个意念空间，九型人格导师将这个空间称为九号的"密室"。九号这时会从自己的愤怒和生命力中脱离,无视自己应该采取行动的责任。他们会在"密室"里"重播"过去发生的事情或对话,以及想象有哪些不同的说法或做法。如果焦虑是他们退回到内心深处的原因,他们会想,我现在为什么会心烦意乱?这是我的错还是别人的错?有时,他们纯粹只想后退一步,恢复到舒适状态,尽管那是幻想中的内在平静。如果深陷这种朦胧的恍惚状态,九号会越发心不在焉,工作效率也会降低,这只会给他们的人际关系带来更多的问题。

因为缺乏动力和专注力,普通的九号通常是技能杂而不精的"三脚猫"。他们是通才,什么都懂一点,和谁都有聊天的话题,所以跟他们聊天是相当愉快的,只要他们不要开启"自动巡航"模式。如果你问他们今天过得怎样,他们就会开始进行长篇叙事,描述各种各样你意想不到的细节和转折,这就是他们的"自动巡航"了。一些九型人格导师用"史诗般的传记"来描述九号的聊天风格,就是因为他们这种漫谈的倾向。

2. 矛盾心理和决策方式。还记得吗?在九星图中,每个类型与另外两个类型之间都有箭头连线,表示类型之间的动态相关。九号位于九星图的顶端,一只脚与三号相连,另一只脚与六号相连。尽管我们尚未谈及这两个类型,但要知道,三号是所有类型中最循规蹈矩、最顺从的,而六号则是最不循规蹈矩、最爱反抗权威的。于九号而言,这意味着巨大的矛盾心理。要取悦他人还是反抗他人，这常常让九号感到分裂。当必须要表明立场或做出决定时，九号表面上很冷静，还面带微笑，但内心却因为无法确定要做什么而不堪重负：我应该认为这是个好主意还是坏主意？我到底是想做还是不想做？我要答应这个人的要求，还是冒着关系受损的风险拒绝？为了不影响人际关系，他们顺从的那一面会想说"好的"，好让每个人都开心，而不顺从的那一面就想让他们反向而为，不要压抑自己的情感和欲望来适应别人。

九号总是抽不出时间去做决定，因为有太多研究问题的角度，有太多要考虑的因素，有太多利弊要权衡。他们骑墙观望，痛苦地思索应该怎么做，同时等待别人做决定，或事情能自然而然地解决。观望会造成拖延，这会把别人逼疯。尽管不是一开始就能发现，但你越是施加压力让九号做决定或行动起来，他们就越是会在暗地里抵抗。九号可以，也的确能做决定，但考虑到他们矛盾的本性，这可能需要很长时间。在他们脑子扎了根的那堆悬而未决的问题，已经占去了不少思维空间，这又拖延了他们的决策速度。

如果我在周五下午给安妮发短信说："今晚你想去哪里吃晚餐？"她会回复："我不知道，你想去哪里？"她回这条信息总是很快，我敢肯定她是在手机里预存了这条信息。作为一个九号，安妮不想争取自己的选择，因为害怕因此而造成冲突，或在我俩之间产生不愉快的感觉。她想知道我想要什么，这样她就能适应并容纳我的需求，回避潜在的分歧。凭这个反应就能辨认出这是九号。

这样的互动，也反映了在面对无数选择的时候，九号要做出决定有多困难。让九号想明白自己不想要的，比让他们想明白自己想要的更容易。所以，爱护九号的人会提供有限的选项，让他们从中选择。如果我给安妮发的短信是"今晚你想去吃泰国菜、印度菜还是中国菜？"，那我会在三分钟后收到回复"泰国菜"，还附有表情符号"点赞"。

如果想要帮助九号，那你应该意识到，很重要的一点是不要让他们失去做选择的机会，无论他们的选择是什么。我不像安妮那么喜欢泰国菜，所以在去餐厅的路上，我可能会想，安妮可能根本不在乎我们去哪里吃晚饭，而我真的很想吃中国菜。如果我告诉她我想去"乔莉熊猫"（Jolly Panda）吃饭，她也会愉快地同意。

我不会说错，她会同意的。但因为我爱安妮，我知道她正在努力应对九号特质带来的挑战，所以我让她坚持自己的决定，让她主导。

现在来看看九号矛盾心理的最后一个方面。也许是因为位于九星图的顶端，每个类型的观点他们都能看到一些，那相当于他们看到了所有的观点，所有的观点看起来都言之有理。九号这种能看到事物的两面性的能力，让他们成为天生的和平主义者——而且是让所有人都认为他们是支持自己的那种。苏珊娜的丈夫乔是一名卫理公会牧师，经常为其他夫妻提供婚姻咨询。在礼拜日的休息时间，不时会有教会的女士走到苏珊娜身边，悄悄地说："很高兴我们夫妻俩去和乔进行了面谈，他理解我的想法，知道这段婚姻里究竟是谁需要改善。"

15分钟后，这位女士的丈夫会把苏珊娜拉到一边说："有乔给我们做婚姻咨询，我真的心存感恩，因为终于有人理解了我一直想要表达的意思，知道我不是发疯。"

是不是看出规律了？九号非常善于倾听和理解别人的观点，常常让人觉得九号不仅理解他们，还认同他们，尽管九号并没有站出来承认自己有说过这样的话。因为有同理心，而且能认识到不同观点的优点，健康的九号常常能调和看似不可调和的观点。但这种考虑事物两面性的能力也会带来问题，和这一类型的人共同抚养孩子有不少挑战，我和苏珊娜经常聊到这一点，而且总有不少笑料。当你发现孩子做错事时，你会让他们回自己的房间，并说"你就等着×××（另一位家长的称呼）回家听听你做了什么吧"这样对吧？在孩子们的成长过程中，每次我和苏珊娜说这句话时，这些孩子都只是点点头，脸上露出狡黠的笑容。他们很清楚，另一个家长回家后会发生的事情是什么。安妮或乔会先听我们的说法，再上楼去和惹事的孩子谈谈。15分钟后，乔或安妮走下楼来，孩子跟在他们身后观察情况，他们会说："其实孩子也有自己的道理。"要知道，看到和承认双方观点，这是普通九号的一种处事方式，这样他们就不用选择立场，也不会因此经历冲突或影响人际关系。

　　九号的一个成长任务，就是从他们自己的角度识别并选择一种正确的观点。

　　很可惜，九号有时会放弃自己的观点，听取别人的建议，这可能是因为他们没有确定的想法，也可能只是因为他们想融入环境，和别人相处好。九号必须学会识别、表达并坚持自己的观点，不管当下承受多大的压力，也不要为了安抚别人而改变观点。

> 唯一值得为之发动战争的是和平。
> ——阿尔贝·加缪

　　优先项选择难题是一个类似的挑战。由于九号认为所有事情都同样重要，所以就很难决定先处理哪一个。每周一早上，苏珊娜的丈夫乔走进办公室时，他的秘书会递给他一张清单，上面列出了本周需要完成的事情，并按事情的重要性排好序。乔超级聪明，管理着达拉斯最古老的契约教会。但如果没有清单，他也只会处理出现在他面前的下一件事。如果你坚持让他们列清单，一些九号会产生厌恶情绪，并暗地里反抗你。虽然九号似乎总处在矛盾之中，但他们也有知道自己该做什么的时候，并且能把事情做好，不管这是否会引起冲突争议，也不管这会让他们付出多大的代价。这些时候，九号的行动是基于信念。在九型人格中，这被称为"正确行为"。

　　虽然不一定对，但我和苏珊娜都认为比尔·克林顿是九号。从 1995 年 11 月到 1996 年 1 月期间，克林顿总统和当时的众议院议长纽特·金里奇（Newt Gingrich）就削减联邦预算展开了一场史诗级相持不下的角斗，导致政府史无前例地两次停摆。在白宫和共和党控制的国会成员之间充满争议而又事关重大的谈判中，克林顿的工作人员担心这位总统会过度妥协，在政治上对自己造成无可挽回的伤害。克林顿厌恶冲突。他有时很难下决定，有时决定了也很难坚持，在他的政治生涯中，为了避免冲突，他不止一次向政治对手妥协。但这天晚上，在金里奇拒绝最后一项交易之后，克林顿看着他说："纽特，你知道的，你想让我做的事我做不到。我不认为这对国家来说是好的。即使这会让我输掉选举，我也不能这么做。"在金里奇和克林顿的政府停摆对峙中，金里奇先妥协了。几天后，共和党人同意在没有达成预算协议的情况下重启政府。克林顿成功连任。历史学家认为，做出这一决定并坚持不妥协是克林顿赢得连任的关键。

当时在场的白宫工作人员说，他们知道自己看见的是克林顿内心非同寻常的变化。他所做的是"正确行为"。你看到了吗？这样的行为不正是懒惰的反面吗？不过我觉得，如果希拉里问克林顿想去哪里吃晚餐庆祝与纽特的面谈结果时，他可能会耸耸肩说："我不知道，你想去哪里？"

这样重大的时刻只有为数不多的几次会出现在九号的生命中。如果要着手改善，可以在小事上开始尝试类似的大胆行为。比如可以鼓起勇气进行一场令人不舒服的对话、回到大学攻读研究生学位、追求自己梦寐以求的职业、拒绝在业务问题上因屈从于来自同事的压力而改变立场，等等。

3. 被动攻击。还记得我之前说过的吗？刚开始学习九型人格时会很痛苦，发现自己的灰暗面时会有被暴露感和羞愧感，这对九号来说尤其如此，因为他们过分在乎、享受自己的好人名声。如果你是九号，读到下面的段落时要记住，受祝福的天赋，其反面就是被诅咒的恶习，这对每个类型来说都是一样的。在阅读的过程中，我们每个人都会有那么一两次被书中的内容刺痛。

经常会有人问我和苏珊娜："九号这么善良友好的人，怎么会位于愤怒组呢？"尽管九号有着亲切随和的好名声，但也不总是毫无攻击性，他们生气起来和八号不分高下，这从他们友善可亲的外表是看不出来的。九号的内心充满了未被处理的愤怒情绪，但又害怕发泄出来会让自己难以承受，所以他们选择视而不见。九号心里的怨恨可以追溯到童年时期或者近段时间，原因是他们牺牲了自己的安排或梦想来成全你或孩子，但他们自己并没有意识到这一点。他们不知道应该在什么时候、要怎样拒绝别人，好像没有能力在人际关系中建立边界，而别人也似乎会利用这一点来占他们的便宜，这让他们很生气。这些还不够，当别人叫他们打起精神多做点事情，不要再应付了事的时候，他们也会觉得很恼火。所有这些压力都会扰乱他们内心的平静！

九号清楚记得别人对自己的轻视冷落，包括别人真实表达的和自己觉察到的，但为了回避冲突，他们极少为此表露愤怒。当然，他们偶尔也会大发雷霆，但大部分时间会保持着如佛祖般的平静，只会间接地宣泄他们的怒气。

　　如果你在周一早上激怒了九号，他们通常要到周二下午才会反应过来。到周二晚上，你会发现他们通过某些事情来对你撒气，说好帮你去干洗店取回明天重要公务出差要用的服装，到你问起时，他们会用几乎是悔恨的语气说："哦，亲爱的，我忘记了。"要知道，对于一个缺乏自我认知的九号来说，这并不一定是有意为之，他们只是在属于九号的无意识状态中唱和。

> 要让她生气无异于在保龄球上找到一个角。
> ——克雷格·麦克雷

　　当九号觉得自己迫于压力要同意某个计划，或者要去做不想做的事情的时候，他们会选择"固执"来进行被动攻击。想要间接地表达愤怒或者控制住局面，他们的被动攻击"箭袋"里还有其他"弓箭"可供选择，比如逃避、拖延、拒不合作、不理不睬、沉默，或不去执行自己的任务，等等。等到九号的伙伴最终感到沮丧并质问他们"有什么问题吗"的时候，九号可能还会坚持说"我不明白你的意思"。很可惜他们的被动攻击行为最后总会让别人更生气，这只会给九号造成更多冲突和问题，还不如一开始就直接说出不满。

　　因为安妮知道我是一个严格要求准时的人，她通常会努力提前做好出发准备，尤其是当准时对我们来说非常重要的时候。然而，她会时不时表现得像港口工人工会怠工抗议那样，逼得我站在楼梯底下看着手表，大声叫喊让她加快速度，否则我们会错过电影的开头，或者让晚餐主人难堪。

现在我已经熟悉了九号的处事方式，当安妮的行动慢得像蜗牛一样时，我就知道她因为某件事在生我的气，但又不想直接告诉我，以免引起争论。她想让我来弄明白她为什么不高兴，不需要她插手就能解决问题。所以当出现这种情况的时候，我会走上楼，对她说："行吧，说出来。"她会说："你没学会九型人格之前，生活比现在舒坦多了。"

4. 优先之事和分心之事。到了要打起精神处理重要事情的时候，九号会把注意力放在一些无关紧要的事上，反而把更重要的任务留到最后。这种令人困惑的策略，能有效地转移他们的注意力，这样他们就无须去寻找自己的生活重心，不用感受自己的愤怒情绪，也不必为自己而活。

某个周日下午，我问安妮要不要去健身，她拒绝了，说要准备明天家长会的讲稿。她在一所中学里教历史，要用的讲稿她还没动笔。我回到家已经是几个小时之后，但我惊讶地发现安妮正在擦拭银器。我都不知道我们家还有银器。

"你在做什么呢？"我问。

"我在餐厅角落那个橱柜里找到了我们结婚时用的银器，我跟玛迪说了都给她。但这些银器一点光泽都没有，我得帮她擦一下。"

"那你的讲稿呢？"我问，"不是明天就要用吗？"

"好吧。"安妮说，放下了手里的酱汁船，"我只是想要帮上忙而已。"

九号很容易分心，别人的要紧事来得比他们自己的重要，而他们也能借此理由不去思考自己的事情，无视自己对生活无所适从的痛苦。但是且慢，人脑的创造力是惊人的，分心之事只会越来越多。

一天，我和安妮邀请我妈妈来我家吃晚饭，时间定在下午 6 点。下午 3 点的时候，安妮说要抓紧时间去食品超市买食材。到 5 点的时候她还没回来，我就打了她的手机。

"你在哪里？还有 60 分钟我妈就要到了。你去超市了吗？"

一阵沉默。

"还没有。我本来是出发了，开车经过苏的房子时，她刚好站在门前草坪上，我就停下来打个招呼。就在我们说话的时候，她小孩的自行车链条松了，她又不知道怎么调回去，我就去帮忙。走了之后我才发现衬衫蹭到了润滑油，所以就去便利店买去污剂。然后又想起来钱包里有一张处方，开了玛迪要用的滴眼液，于是就顺便去拿药了。在我终于开着车往食品超市去的时候，路过 Bed Bath & Beyond（家居用品专卖店），看到有床上用品特卖的广告，我想起艾丹 9 月开学的时候需要用新的床单和枕头，钱包里又刚好有一些 8 折优惠券，于是我又跑进去买。但我现在快到超市了，20 分钟后就到家。"

看明白了吗？如果九号分心去做一些无关紧要的事（比如，停下来和朋友聊天），他们就会忘记顾全大局（比如，妈妈两个小时后就过来吃晚饭）。看不到大局，九号就无法衡量事件的价值，无法安排事情的优先顺序（比如，现在就要买食物，不能饿着妈妈）。如果不说清楚局面的现状（预计妈妈会在 60 分钟后到达），九号就无法集中精力，会把注意力分散到各处，感觉当前每一件事都很重要，最终就会先处理眼前的事。

> 如果我们坐在门廊上聊天的时候有一匹马经过，我爸会直接过去把马骑走。
> ——娜塔莉·戈德堡

有些问题能让人从所属类型特有的恍惚状态中清醒过来，我们都需要朋友或伴侣来提这些问题。"你还在做你的任务吗？"这是提给九号的一个好问题，因为他们看上去好像做了很多事情，但同时又什么都没做成。

九号人格易出现的性格缺陷

"怠惰"这个词通常被用来形容肢体行动方面的懒惰。然而，九号的懒惰，本质上是精神上的懈怠。一般的九号想要拥有向往的生活，但他们缺少奋发向上的激情和动力。不成熟的九号未能很好地利用自身蕴含的激情和能量，因而未能去追求自己想要的生活，也未能实现自我。但是，如果要释放这些炽热的激情和本能的冲动，又会打破九号最看重的内心平静和内在平衡。看来我们接近真相了。九号的懒惰源自他们不想过多地操心烦琐的生活，他们是真切地不愿意面对日常生活。记住，九号位于愤怒 / 腹部组。如果要活出自己的人生，你就要拿出胆量，好好利用出自本能的、生机勃勃的热情。九号在面临某些问题的时候会变得懒惰，这些问题包括充分关注自己的生活、弄清楚自己想要什么、追逐梦想、满足自己的需求、发展自己的天赋、实现自己的追求。他们坚守"哈库拉·马塔塔"式（译注：电影《狮子王》的插曲，源自非洲谚语，意为从此以后无忧无虑，梦想成真。）的内在和谐。他们对生活没什么要求，希望生活也对他们手下留情。如果说八号过于依靠直觉，过度表达愤怒，那九号就是完全不依靠直觉，几乎不表达愤怒。九号没有去了解愤怒好的一面，正是这一面教人奋进、推动改变、助力发展，给予他们捍卫自己的勇气。缺少愤怒的这一面，会让人变得无精打采、迷茫恍惚。

避免冲突是九号的需要，为此他们不惜一切代价，这是他们不愿冒险地全身心投入生活的部分原因。

著名的九号：
贝拉克·奥巴马、
比尔·默里、
蕾妮·齐薇格

九号担心，表达自己的喜好或坚持自己的安排，会危及他们重视的人际关系，从而打破他们内心的平静。他们有自己的优先项和愿望，他们关心的人也有自己的安排，当两者出现冲突，是否会导致矛盾产生，甚至关系破裂？如果坚持自己的观点、满足自己的需求和欲望，却又让他们和自己所爱的人不能和谐相处，那该怎么办呢？九号非常重视舒适平静的感觉，要维持现状，保持与他人的联系，为了达到这种状态，他们宁愿接受别人的观点和愿望，把自己的放在一边。这对和平主义者来说是小事一桩，在成长过程中，他们通常会觉得，无论是自己的存在还是要紧事，对别人来说都不重要。九号认为，无论我说什么、做什么，似乎都不会对世界产生多大影响，既然这样，又何必惹是生非呢？只要不为自己的事情争先恐后，就可以选障碍最少的路去走，这难道不更容易、更舒服吗？可以想象，九号常常会有一种听天由命的无奈。为自己"得过且过"的生活方式，他们可悲地付出了代价，没能在生活中发挥他们的天赋、体现他们的价值。对于自己该过好的生活，他们却睡了过去。

为了应对数不清而又不知从何下手的事情，为了躲避悬而未决的问题和选择，为了回避自己的愤怒情绪，为了让自己的低自尊振作起来，九号会使出不健康的应对策略。他们诉诸于食物、性爱、酒精、锻炼、购物，还有那些让他们安心舒适的习惯和常规，会做一些无须动脑的、消磨时间的工作，还会无所事事地躺在沙发上看电视，让自己麻木，不去正视自己的感受、需求和欲望。九号没有意识到的是，麻痹自己是虚假的放松，是廉价的模仿，而模仿的正是他们所渴望的、真正的平静。

但九号应该振作起来：他们比自己认为的更勇敢、更足智多谋。记住，在九型人格中，一个类型的祸端，可能是自身福祉的变型。我们都要努力，所以，就像阿斯兰狮子在

《纳尼亚传奇》结尾时喊的那样："走向更高更远的地方！"

九号的童年和原生家庭

我从来没有见过比我女儿玛迪更随和、更体贴、更能感知他人需求的孩子。刚开始建立教会的那些日子，我和安妮经常在家里招待客人，玛迪当时只有四五岁。她会走进坐满大人的房间，爬到一个人的大腿上，像猫那样蜷缩成一团睡去。这孩子能让人情绪平静，效果比服用阿普唑仑（译注：一种镇静药剂）或者喝两杯红酒还要好。在被玛迪选中的那个人身上，会有一阵明显的情绪变化，给人平静和解脱的感觉。

有一次，一位朋友问安妮："你有没有发现，玛迪会环顾四周之后才决定要睡到谁的大腿上？她总会选中那些正在经历离婚、有严重的健康问题或正在面对其他重大生活危机的人。"我们之前从来没有想过这一点，但这位朋友说的完全正确。我觉得，玛迪能凭直觉辨别出房间里谁最需要平静，谁最需要听到"一切都会好起来的"这种宽慰话。对此，她至今仍在身体力行。玛迪生活在加利福尼亚州，志愿成为一名治疗师。她目前还没有拿到学位，但如果我是你，我会现在就找她预约。她往后一定会很忙。

我和苏珊娜听很多九号说过，在原生家庭中，他们是被忽视的，或者说他们认为自己是被忽视的，他们的选择、想法、感受都不如其他人的重要。九号的伤害信息是："你的需要、意见、欲望和存在都没有别人的重要。"玛迪不仅是一个九号，还被夹在姐姐和弟弟之间，而且姐姐和弟弟都是九型人格中的强势类型。虽然很难受，但我不禁猜想，玛迪有时会觉得自己是迷途的羔羊。真希望我和安妮在孩子们还小的时候就熟知九型人格，这样我就会知道，让玛迪感到自己被理解、被重视，是非常重要的。

九号孩子很容易相处。他们不一定是班上第一个参与活动或举手回答问题的人，但有他们在的地方，总会气氛融洽、充满欢笑。当父母或其他家庭成员之间发生冲突时，九号会感到非常不舒服，因此他们会扮演和平主义者的角色，同时又会设法保证自己不会被迫选择站队。如果遇到各方互相不妥协、无法达成和解的情况，九号孩子会生气，但他们的怒气通常会被无视或被忽略，这时，他们要么默不作声、神游太虚，要么迅速逃离现场。如果我儿子艾丹和女儿凯莉在车里吵了起来，玛迪通常会头靠车窗睡觉，这样她就能置身事外。

这些宝贝们觉得自己的想法和感觉不被重视，所以早早就学会了圆融的技巧。虽然他们不想成为焦点，不想要太多或太长时间的关注，但仍然渴望别人注意、尊重他们。和所有的孩子一样，他们也想为自己寻找容身之所，想获得归属感。

亲密关系中的九号

健康的九号能成为很好的伴侣、父母和朋友。他们忠诚、善良，会给人超乎期望的支持。他们有趣、灵巧，不爱抱怨。他们喜欢生活中简单的快乐。如果你让他们盛装打扮去参加正式的宴会，他们宁愿跟你和孩子们一起，依偎在沙发上吃比萨、看电影。九号会在家里给自己留一处地方，在那里，他们能够回归平静，充分享受那些让内心安谧的事情。

健康的九号能够清醒地聆听内心的声音，成为真正的自己。他们看重自己、投资自己，知道自己在家人、朋友和同事的生活中有重要地位。这一类型的九号有鼓舞人心的能力。他们乐意包容，但又不会因过于开放、缺乏边界而丧失自我。

与此相对应的是，不健康的九号总处理不好他们的人际关系，还不愿意承认，也不去解决问题。否认是他们的防御机制，他们不想被任何事情破坏内心的安定，即使乘坐的船只正在下沉，他们也只会让脑海里的乐队大声演奏。事情出问题的时候，即使有明显的信号，他们也会选择忽略，把问题看轻，或者进行简单的修补。这就能明显看出，他们完全不了解问题的严重性，并决心要逃避因处理问题而带来的不愉快感。九号不想面对冲突，也不想进行痛苦的对话，因此总是到了火烧眉毛的关头，才去解决人际关系中的问题。他们极力回避冲突，渴望与人亲如一体，即使一段关系早该结束，他们也会不愿放手。

九号并不主动，但如果有人主动联系，他们也会很欢喜。他们有一种奇妙的能力，可以很快地与许久不见的人重新熟络起来。即使多年未见，他们也能找到聊天的话题，那感觉就像前一天才聊过这个话题一样。

我妻子是九号，有一个孩子也是九号，在与他们相处的过程中，我学到了这些道理：有些情况对你来说是小打小闹，对他们来说就像是"坦克大决战"；你觉得你说话的音量只是稍微提高了一点，他们却觉得你是在大吼大叫。

在分享我的想法、感受之前，我会先了解安妮或玛迪的，这不仅是尊重她们，也是为了降低她们迎合我的可能性，减少她们去做违背自己意愿的事情的机会。

工作中的九号

岗位要求：性格沉稳可靠、热情，有团队合作精神，能维护和谐的工作环境。有亲和力，擅长交际，深谙与人相处之道。喜欢挑起争议或玩办公室政治的人请勿申请。

如果在网上挂出这则招聘广告，一定会有很多九号排起长长的队伍，争先恐后地要求获得面试机会，甚至会在这个崇尚和平的群体中引发暴力。

健康的九号会是好员工和好同事。有些九号还能得到伴侣的信任，愿意奉献一切来帮助他们发挥潜能（如南希·里根、希拉里·克林顿）。他们乐于提供帮助、不妄加评判、有包容的肚量，以合作精神架起桥梁、凝聚人心。许多九号都说他们没什么抱负，当然也不乏有野心之人。他们不觊觎单独的办公室，也不会用到大额的报销单。如果有一份好工作，薪酬合理、补贴可观，他们就会满足于现状。由于能够从多个角度看问题，九号能很好地解决问题，能促成所有人都是赢家的交易。

九号从团队汲取能量、获得认同感，因此他们更愿意融入团队、分享成功，而不是想方设法吸引注意力，以便让自己的职业生涯更进一步。他们想要一点赏识，但大多数都低调行事，以免引起太多注意。如果因为工作出色引起职责发生变化或被分配了更多的工作，那该怎么办？晋升机会来临时，九号可能会去争取——但前提是他们已经准备好。大多数情况下，九号都不是精力充沛的人，他们不喜欢被控制，或在压力下工作。

被习惯驾驭，九号喜欢结构分明、可预见性强和常规性的工作。他们不喜欢把工作带回家，非常不乐意在周末或假期被打扰。

九号适合做顾问、教师、牧师和公关主管。"对我来说，教师这份工作简直完美。"我的妻子安妮说，"当我知道日常生活有固定的模式和节奏时，我发挥得最好。我喜欢知道我哪天要给哪个班上课，学期什么时候开始和结束，什么时候放假，校长对我有什么期望。最重要的是，我和同事们关系很好，我也爱孩子们。"

不幸的是，九号在工作中很容易被占便宜，就像他们在人际关系中那样。他们太过随和温顺。为了避免产生事端，他们想说"不"的时候却说"是"，之后又常常会后悔。

九号的工作能力往往没有得到充分发挥。他们会低估自己的能力，在职场中，即使有能力担任最高级别的职务，但大多数九号都倾向留在中层，因为这个层级不用面对与领导管理有关的冲突和压力，比如要做不受欢迎的决定，要监督或解雇员工。

九号的性格动态迁移

带八号翼的九号（八翼九号）。 八号会因愤怒而充满力量，而九号则会不惜一切代价回避愤怒，这种组合可谓是行走的矛盾体，是九型人格中最复杂的组合。而且，他们在九型人格的系统中也是相当强大的一个存在。与其他类型的九号相比，八翼九号更有活力，也更自信、固执、外向、有主见，在自己或别人受到威胁时，会更容易表露愤怒。（苏珊娜的女儿珍妮是八翼九号，她会说："妈妈，我现在可麻烦了。我的八号做了很多事情，我的九号得用三个星期才能把这些事处理好。"）

对重要的事情，八翼九号的处理会更清楚直接，虽然也还有改变主意的时候。八号翼不太可能让这些九号为自己争取利益，但会让他们积极地为弱者和公众利益而奔走。这个类型的九号往往比其他九号有更强的对抗性，但也很容易接受和解。

带一号翼的九号（一翼九号）。带一号（完美主义者）翼的九号有强烈的是非观。一号的特征能量让九号多一点专注，让他们实现了更多目标，继而增强了自信心。与其他类型的九号相比，一翼九号更挑剔，做事更井然有序，更内向，也更常表现出被动攻击。他们关心是非对错，倾向于参与追求和平或社会正义的事业。这种九号会成为谦逊而有原则的领导者，诚实正直、立场坚定，人们会因此而愿意追随他们。

在压力状态下，九号会表现得像不健康的六号（忠诚者）。他们会过度投入、忧心忡忡，变得刻板、防备心强，还焦虑，但他们自己也不知道为什么会这样。处于这种状态的九号更容易怀疑自己，做决定比平时更难。有趣的是，这时的他们也更愿意回应——对于这种极少有（如果算是有的话）及时回应的类型，这一表现算是向前迈进了一大步。

而感到安全舒适的九号，会移向三号（表演者）的积极面，变得更有目标，更果断、自信，更愿意活出自己的人生。积极成长的九号不需要花太多力气去克服惰性，他们掌握着自己的生活，相信自己的存在是有价值的。更重要的是，连接了三号的积极面，让九号体会到真正的平静与和谐。

如何弥补九号的性格缺陷

1. "我的使命或者人生计划是什么？对此或努力追求或逃避推迟，是为达到平和安宁的状态吗？"

2. 请别人协助你建立任务管理或代办事项系统，这有助于集中精力在任务上。有很多这方面的应用软件非常好用。

3. 当别人让你做你不想做的事情时，要学着拒绝。

4. 你要意识到，无论是喝杯红酒、逛逛街还是做曲奇，这都是你用来麻痹自己的办法，目的是为了逃避生活的压力。

5. 不要害怕表达自己的观点，你可以从小事开始，再逐渐过渡到重要的事情。

6. 控制拖延、回避这些消极抵抗行为，如果生气了就坦率地表达。

7. 你的想法重要且独特，别人应该听到你的想法，而不是听到你把他们的想法重新讲一遍。

8. 让你觉得可怕的激烈冲突，对于别人来说可能只是普通的意见不合，深呼吸，面对它。

9. 你倾向与他人连接，这种天赋很美好，但不要因此把自己和别人混为一谈，不要错失成就自我的机会。

10. 当你不知道怎么做决定的时候，不要让别人告诉你要做什么，要去找人帮你梳理清楚自己想做什么，然后自己去执行！

兼容并包是一种令人羡慕的精神天赋，九号的弱点则为其灰暗面。在我看来，九号的精神优势弥补了他们在生活中的付出。如果精神生活的目标是实现与灵魂合一，那么健康的九号拥有的这种兼容并包的能力就让他们领先一筹。谈及与灵魂合一这些方面，健康的九号几乎总是领跑者。他们的冥想能力与生俱来。

开明的九号对各方面的接受程度都很高。即使还是孩子，对于万物创造中的各种内在联系，他们似乎就展示出与生俱来的理解能力。九号能理解事物的两面性，因而能安然接受悖论和神秘之事。这种思维方式，有助于他们理解哲学。

精神上真正的转变充满不确定性，九号对此有所抵触。作为和平主义者，你生活中最大的动力就是避免冲突并保持内心的平静。但是，表面的平静，实际上是你渴望不受生活所累。从精神方面来看，没有冲突并不代表和平，而争取和平则必须付出努力，敢于冒险。九号最应该听到的是：清醒过来，开展属于你自己的冒险吧！

九号和其他人同样重要，也同样值得拥有成就自己的机会，这是他们与生俱来的权利。觉醒意味着重新掌握自主权，对自己的人生负责，也意味着要去寻找、激活自己的想法、激情、观点、梦想、抱负和渴望。这会让人害怕。他们不能躲在别人后面写计划。如果九号能像爱别人一样爱自己，就应该让自己去冒险成为真正的自己。矛盾的是，冲突和动荡散落在通往平静与和谐的道路上。所有保证让你无须经历冲突和痛苦就能享受平静安宁的事物，你都得小心谨慎地避开，因为不管那是什么，最终都可能会把你送进戒毒所。

九号生气却又不愿意承认。我是理解的，如果我总是感到被忽略，我也会生气。为了保持和平以及维系关系，他们做出了牺牲，并为此而产生愤怒。即使他们迫切想要为自己争取，或者凭自己的意志行事，但最终还是不会这样做。如果把心中的愤怒发泄出来，他们担心有人会因此而受伤甚至死掉，但事实上这并不会发生。那可能会造成冲突，但不会闹出人命，并且冲突都有办法解决。九号要知道的是，找到自己的"正确行为"并努力实现，就会产生自我价值感。其他人会注意到这一点，也会为他们加油。以此为基础，他们会日渐强大，不会再失去自我。

九号需要的治愈信息是："我们看得到你，你的生活也很重要。"生而为人，不是让你过别人的生活。请你参与进来。

第5章
"光可以不照进来，但万物皆不能有裂痕"
—— 完美主义者一号

完美主义是压迫者的代言人，是人民的公敌。

——安妮·拉莫特

认识一号

1. 有人说我太过挑剔，总是指责别人。

2. 犯了错我会很自责。

3. 有太多事情要做，稍有松懈我就会感到不舒服。

4. 我不喜欢别人无视或者破坏规则，比如有人使用杂货店里的快速结账通道，但是结账的商品数量超过了规定。

5. 我认为细节很重要。

6. 我总会拿自己和别人比较。

7. 我会说到做到。

8. 我很难放下怨恨。

9. 我觉得我有责任在我离开前把世界变得更好。

10. 我非常自律。

11. 在花钱方面，我会尽量小心谨慎、深思熟虑。

12. 我认为事情只有对错之分。

13. 我花很多时间去思考要怎样做才能让自己变得更好。

14. 于我而言，宽恕是件难事。

15. 我能迅速发现事情不对或者不合理的地方。

16. 我总是忧心忡忡。

17. 别人没做好分内之事，会让我非常失望。

18. 我喜欢事情常规化，不太欢迎变化。

19. 我会竭尽全力地执行任务，我希望别人也一样，这样我就不用重做他们的工作。

20. 我总觉得我要比别人更努力才能把事情做对。

健康的一号在生活中乐于奉献，诚实正直，各方面都保持平衡，有责任心，能够原谅自己和他人的不完美。他们很有原则，相信周遭世界会变得更好，虽然过程缓慢，但他们会耐心守候。

一般的一号的思维习惯是评判和比较，自然就容易关注到错误和缺陷。他们努力接受不完美是因为无法避免这个事实，同时脑中专横霸道的批评声又让他们害怕。

不健康的一号执着于细微的瑕疵，他们会在自己的可控范围内开展事无巨细的管理安排，对人和事的控制是他们唯一的慰藉。

☆ ☆ ☆

老师关了灯，打开投影仪。这时我打了个哈欠，双臂交叉叠放在桌面上，然后将下巴枕在手臂上。投影仪播放的是电影《杀死一只知更鸟》，格利高里·派克（Gregory Peck）刻画的阿提克斯·芬奇（Atticus Finch）是 20 世纪 30 年代一个丧偶的父亲，也是一名律师，当时在某个南方小镇，一名黑人男子受到错误的指控，他为这名男子辩护。当时还是初中生的我并不知道，这个角色会悄无声息地在我心中埋下一颗种子。

在影片里面，阿提克斯·芬奇身着耐穿的绉纱套装，胸前口袋里放着一个带表链的怀表。他是父亲的典范，明智克制、细心体贴，对孩子仁慈、尊重。他是一个理想主义的改革者，认为自己维护法律公正的责任神圣不可侵犯，想把这个世界改造成对每个人都公平美好。他有着清晰明了的是非观，无法对不公正现象视而不见，坚守自己的立场，即使为此而付出代价也在所不惜。

女儿斯库特（Scout）问他为什么要如此费心费力地为汤姆·罗宾逊（Tome Robinson）辩护，他在这个案子上根本没有胜诉的机会，为他辩护还会被镇上的人谩骂。阿提克斯告诉她："如果我过不了自己心里的坎儿，我也没法和别人相处好。唯一可以不遵守少数服从多数原则的,是人的良心。"

尽管阿提克斯激昂的辩护词精彩绝伦,汤姆·罗宾逊还是被全是白人的陪审团判为有罪,并被关进监狱。垂头丧气的阿提克斯收拾好公文包,沿着通道慢慢走出法庭。这时,"有色人种座席"上的人都一个个站起来,向他表示敬意。年迈的赛克斯(Sykes)牧师发现斯库特没有注意到在场的黑人都站起来向她父亲致意,也不理解这一举动的庄重含义,便低声对她说:"琼·路易斯小姐?……琼·路易斯小姐,站起来。你父亲走过来了。"

那一幕让我深受触动。阿提克斯·芬奇就是我心目中父亲的样子,但我知道我永远无法拥有这样的父亲,因为我的父亲是个麻烦多多的酒鬼。"跟他一起生活是平淡乏味的,但我无法忍受没有他的生活。"斯库特这样形容她的父亲。我想说我的情况正好相反。20 年后,我的儿子出生了。有一次我偶然看见一块古董怀表,让我想起了阿提克斯·芬奇。我把它买了下来,看到它就是一种提醒,让我记起我想成为的那种父亲。

像阿提克斯那样的一号,产生的影响是显而易见的。他们的榜样作用,激励着他人向好向善,对抗不公,拥抱崇高理想。但是,一号对模范生活的投入,有可能会轻易退化为严格的完美主义,给自己和别人的生活都带来烦恼。

一号的人格画像

沃尔特是华尔街一家著名会计公司的税务律师。下班回到家，他希望看到屋里收拾得干净整洁，孩子们都洗好了澡，晚饭也已摆上了桌，所有事情都井然有序。我猜沃尔特从来没有告诉过妻子爱丽丝，这就是他期望的样子，当然要从沃尔特身上看出来他的这一想法也并不难。

某天晚上，沃尔特下班回到家，妻子爱丽丝将屋里收拾得干净整洁，孩子们都洗好了澡，晚饭也已摆上了桌。她想着沃尔特会放下公文包，说些好听的话，比如："哇，这太棒了！"但他做的第一件事是指着沙发说："垫子放错地方了。"

如果我回到家这样跟我妻子安妮说话，她一定会回道："真的吗？那我倒要给你看看我可以把这些垫子放在哪里。"

得为一号说句公道话，这只是他们看待事物的方式。无论他们走到哪里，都总会有差错蹦到他们面前朝他们大喊："纠正我！"他们无法置之不理。他们可能会说两句，也可能会趁你不注意的时候把垫子重新摆放。研究九型人格时，有一点要明白，就是我们无法改变自己看问题的方式，只能改变解决问题的做法。自从那次和爱丽丝之间的不愉快事件之后，沃尔特在自己身上下了不少功夫。如果他今天做出类似的事情，他会立刻道歉。"在这方面我得继续努力。"他会笑着说。幸运的是，他在九型人格的帮助下有了长足的进步。

1. 一号对别人和自己都有很高的期望。对于一般的一号来说，控制自己的行为和情绪是头等大事。当产生了"不礼貌"的冲动或者不能接受的情绪，一号会把它们抑制住，并用相反的表现来否定它们。在心理学上，有一种被称为"反向形成"的防御机制。举个例子，一号听见你唱歌，会无意识地压抑自己的妒忌之心，阻止它上升到意识层面，取而代之的是热情的赞美。从某种程度上说，这是令人钦佩的。

没有自我控制的一号对自己也毫不留情。有些只要求生活的某一个方面（如：院子、船上、办公室）保持完美，而另一些则要求全方位的完美。房子必须一尘不染，账单必须按时结清。感谢信必须在收到礼物的当天寄出。为了避免违反美国国税局的规定，一号会将纸质的纳税申报单保存五年。如果发现自己的信用评分降至 800 分以下，一号会承受巨大的痛苦。

> 在我们心里的那个自我，这个沉默的观察者，严肃寡言的批评者，让我们感到害怕，这到底是什么？
> ——T·S·艾略特
> （英国诗人、剧作家）

他们也把自己的高标准强加于他人。"我们那个可怜的牧师，每周一都会收到我的邮件，里面有一系列'建议'，帮助他改进那些我认为在上一个礼拜中存在的不足之处。"这是一个一号在九型人格工作坊中分享的故事，现在这位一号已经达到自我认知的状态。"我建议他用更好的方式来引导敬拜歌曲，减少布道的内容。最后我总是提醒他要在早上 10 点准时开始礼拜，除非他想让人们继续迟到。现在不一样了。我妻子说，看到我努力地让自己'不那么乐于助人'，她真的很骄傲。"他笑着说。

如果你不确定一个人是不是一号，看他们打开别人装好的洗碗机时有什么反应就行了。如果他们咂咂嘴，然后开始重新摆放餐具，嘴里还嘟囔着"好家伙，怎么这些人就不会摆呢"，那这个家伙就有 50% 的可能是一号。有时候还没等你装好洗碗机，他们就会主动"帮忙"。他们会靠着柜子，看到你把马克杯放在碗的位置，他们就会用质疑的口吻说"哎呀，怎么能这么摆呢"？

往自己的衬衫上别一颗星星就把自己当成是"厨房警长"（译注：美国警长的徽章有一颗星星），处处指责别人，让人不胜其烦，谁都没法一直忍受被这样对待。被训斥的人最终会冲出厨房，挥舞着双手说："就没有能让你满意的事情对吧？"

我明白的。按我的理解，如果所有的餐具都按合适的位置摆放好，不需要很多水就能冲洗到大部分餐具，谁会在乎它们的摆放是不是完美呀？大多数人都不明白，一号并不认为自己是在批评别人，而是在帮助别人！他们觉得自己是在帮助你改进！难道不是每个人都像他们那样想要提高自己吗？

　　并不是所有一号都会盯着身边的瑕疵。我认识的一些一号，根本不管乱糟糟的房子，看到有人不收拾宠物狗的粪便也不会在意。他们会关注并致力于消除社会弊病，由此满足他们对社会改进的需求。传奇般的消费者保护主义斗士拉尔夫·纳德（Ralph Nader）就是一号。没有人想惹到他，因为他的背后还有跟他一样努力惩治恶行的一号群体，他们打击惩治以性交易为目的的人口贩卖、腐败的政客、造成环境污染的公司。支持正义事业对一号有吸引力的其中一个原因是，他们对不公正的现象会直接表露愤怒，不会有人认为这种情绪表露是不好的，甚至会觉得相当合宜。

　　他们相信自己占领着伦理、道德和精神层面的制高点，认为自己的思考和处事方式是唯一正确的方式，因此觉得自己有权利评判他人。不过，他们主观上并不想直接这样表示。我的朋友珍妮特说："别人觉得我说话的方式和肢体语言带有羞辱和指责的意味，即使我有意识地让自己的话听上去是友善的。"一号说话的方式听上去就像在说教，这对他们毫无助益。没有人喜欢别人居高临下地对自己说话。

　　我们每个人的内心都会有自我批评的声音，如果我们做了愚蠢的事情，这个声音会出来骂两句，然后就消失。通常，在一号内心有个无情的批判者。与其他人不同，一号那些自我批评的声音永远不会消失。比如："为什么你总是说错话？竟然忘记把孩子的午餐放进书包里，你是怎么当父母的？系领带连打个像样的结都不会，还指望你能有销售业绩？趴下，做 50 个俯卧撑！"

糟糕的是，一号总是批评自己把事情搞砸，有时候这事情根本跟他们没有关系，或者并不是他们的责任。经过多年的自我暗示，一号要关掉这种残酷的责备声就变得很困难。

当一号被困在自己性格习性的无意识状态下，他们不仅会把贬低自己的自我批评视为权威，还会认为那是为了自己好。他们会说："如果不是那声音严厉地提醒我犯了错误，阻止我降低要求，我怎么会有这么大的进步？如果不是内心的自我批评总是指出我的不足，我怎么知道如何生活在指责之外？如果没有它，我还会犯多少错误啊！"

2．一号害怕犯错。他们工作得太投入了，有非常多的事情需要处理，往往不能放松去玩。因此，他们变成了"高压锅"，不完美之事随处可见，由此而产生的忿恨积压在"锅内"，调节阀都控制不住。他们埋怨自己和别人没有达到他们设定的高标准，也厌恶自己对犯错或表现不佳的过度恐惧。一个平日克制沉静的一号爆发时，会让人大吃一惊，同时也一定会殃及鱼池。

不管你的看法是怎样，一号想要完善这个世界的追求是徒劳之事。在某个地方总会有一张没有整理好的床。他们将得不到一分钟的宁静，除非他们开始自己的精神成长之旅。

一号整天都用大量负面的词汇攻击自己，也就无法很好地接受别人的批评。

虽然他们本身对批评很敏感，但如果你说他们对你太挑剔，他们会很震惊：此话当真？他们每天都苦涩地咽下悔恨自责，给你的只是指头般大小的分量。

3. 一号对人挑剔、横加指责。未达到自我认知状态的一号会去指责别人，是因为别人没有达到他们的完美标准，也因为这样做就有人陪他们一起痛苦。如果他们发现别人犯错、做法不合适，还能加以批评，会让他们感到解脱，因为这样他们就释然了：谢天谢地！不是只有我才有缺点。当然了，因为别人有缺点而高兴，这样的心态的确有些不合适，但这总比觉得自己是团体里唯一一个犯错的人要好。这样的心态会让自己很孤独。

4. 一号会把事情做好。以上那些都是伴随着一号而来的挑战，但是你能想象没有他们的世界吗？如果不是史蒂夫·乔布斯对创造完美设计的产品有着毫不妥协的热情，就不会有苹果手机。如果没有圣雄甘地和纳尔逊·曼德拉这样无法忍受不公正的高尚领袖，印度和南非可能仍然处于欧洲殖民主义的压迫之下。

一号生活在被错误破坏得千疮百孔的世界里，他们会把需要做的事情列成清单。有些体贴和慷慨的一号还会把你要做的事情也列出来。周六早上，一号的伴侣可能会在厨房柜台上发现"亲爱宝贝待办清单"，足够他们忙上一整个夏天。

许多一号重视礼仪感，例如，有"家政女王"之称的玛莎·斯图尔特（Martha Stewart），她知道怎样才能办一场极好的晚宴。她的家通常一尘不染，装饰考究。她想让你在这里有完美的体验，于是就准备色香味俱全的饭菜，准备很好的餐桌话题。

5．**一号想要做好人，总是想做正确的事。**假设你坐在车站里，一个精神有问题的人走进来说"我无家可归，好几天没吃东西了，我需要帮助"，你会有什么反应？不管其他人会做什么或者想做什么，一号会认为确保病人得到适当的照顾是他们的责任。为什么？因为这是一种负责任的做法。我们都应该这样要求自己。

一号认为，每一项任务都应该按部就班地用正确的办法去完成。他们阅读说明书，准备组装最近购买的烤架时，如果说明书上写着确保所有配件齐全才能开始组装，他们就会认真地把所有的螺丝、螺母和螺栓摆出来数，数完还会检查一遍。

如果碰巧架子腿的塑料脚套缺了一个，一号就会对伴侣说："少了一块零件，今晚装不了了。"

如果这个伴侣是九号，他或她可能会说："没关系。我们可以拿一包火柴垫在架子脚下面，这样就能平衡了。"

正宗的一号会坚定地回应"在我手下就不能这样"，然后拨打客服电话，要求尽快把漏掉的黑色的脚套寄过来，这样他们就能按照正确的安装步骤操作。他们这样做的原因是，如果草草地组装烤架，那以后每次看到它，他们只会看到那个架子漏掉的黑色脚套。

一号人格易出现的性格缺陷

一号像走钢丝般小心翼翼。如果他们像阿提克斯一样健康，关心公平正义，渴望世界恢复圆满，这能对我们起到激励作用。如果在一般或不健康水平，他们将会妨碍自己的发展。

从睁眼起床到躺下闭眼，一号觉得这个世界充斥着错误，而纠正这些错误是他们应尽的义务。比如，有人从牙膏管中间挤牙膏、学校秘书在家校通讯刊上写错了两个字、孩子没有正确叠好和挂好自己的浴巾、车门上有新的刮痕、邻居离家上班前把垃圾桶放在车道尾但是没有把盖子打开，等等。

什么人会做这种事？

一号要事事完美。他们追求完美，是因为他们总有一种隐隐的不安，如果他们犯了错，就会有人跳出来指责、批评、惩罚他们。他们强迫自己努力修正世上所有的错误，但这是永远都无法完成的工作。"烦躁"这个词远不能形容一号对此状况的感受，看上去其他人并不如他们那样在意，也无意加入他们让世界变好的奋斗征程，这让他们更加愤怒。为什么其他人不像我那样在乎？所有事情都要我自己做吗？这不公平。

愤怒是一号性格缺陷的根源，但他们的感受更像是怨恨。

一号相信，对于那些不遵守规则、不控制情绪、没有控制好自己动物本能的人，这个世界自有评判。一号认为，"好"人最不应该表现出来的情绪就是愤怒，因此，即使因周围环境、对他人和自己身上的不完美而感到愤怒，他们也会把这些愤怒情绪埋藏起来。一号位于愤怒/腹部组（8、9、1）之中，同组的八号表露愤怒，九号对愤怒视而不见，而一号则把愤怒埋在心里，直到快要憋不住的时候，这些愤怒就会变成郁积的忿恨被一号宣泄出来，所有人都能感受得到。

但还有其他事情会让一号义愤填膺。一号目及之处，人们还是像以前那样纵欲无度，破坏规则却从未被发现和惩罚，而一号则觉得有义务放弃做自己想做的事，去做自己应该做的事，也就是让无序的世界变得有序。雪上加霜的是，一号不仅要做好自己的事，还得为那些在沙滩上喝啤酒、打排球的混蛋收拾残局，尽管自己也想去做自己喜欢的有趣事情。

一号的童年和原生家庭

在成长过程中，一号总是试图成为模范。他们熟知规则并严格遵守，会花很多精力与其他孩子比较。所以，从学校回家的路上，他们的谈话虽然会有一些关于自己的内容，但主要是在和其他孩子比较，还有他们的成功、失败和不幸。11 岁的赫敏·格兰杰（Hermione Granger）一坐上开往霍格沃茨的火车时，就马上开始和其他孩子讨论，看他们会使用什么咒语，有没有读过《霍格沃茨的历史》。这种比较和评判的心态会伴随一号的一生。

自我批评在一号的人生早期就已经出现了，所以他们对自己很苛刻。他们会回避一些自己不擅长的运动或其他团体活动，因为还在很小的时候，达到完美就已经是他们的目标。他们会经常求证自己有没有做对，即使不是自己犯错也会承担责任。孩子很难分辨对错，但这些一号孩子却努力做到。

虽然一号不是多任务处理高手（因为很难同时完美地完成几件事情），但也会欣然接受收拾玩具、整理床铺或系好鞋带这些要求。即使只是小事情，做到整洁有序也能带给一号舒适的感觉，让他们感到安全，减轻他们的焦虑。

你有见过或读过近藤麻理惠的《怦然心动的人生整理魔法》吗？这位专业整理师 5 岁就开始兴致勃勃地浏览杂志，看里面完美的餐桌和好看的室内设计。接着，她开始在家里整理家人的东西，在学校里整理老师的东西，利用课间休息的时间重新整理教室里的书架，还一直抱怨学校的存放安排太差劲。"要是有个 S 型钩就好了，用起来会顺手得多。"她叹着气说道。我跟你赌一顿饭，赌在纳什维尔我最爱的排骨店里的一顿饭，近藤麻理惠是一个一号。

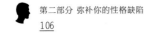
> 不要害怕完美，因为你永远也达不到完美。
>
> ——萨尔瓦多·达利
> （西班牙画家）

做一个完美主义者太不容易了。甚至有人出版了一本儿童读物，名为《没有人是完美的：给孩子说说关于完美主义的故事》（*Nobody's Perfect: A Story for Children About Perfectionism*），希望能帮助这些小孩子，避免自我批评的习惯过早扎根在他们的脑海里。小小的一号会接收到这样的伤害信息：他们必须表现"好"；做事情要用"正确"的方法，错误是不能接受的；做人和做事，做不到完美就是错的；等等。

父母需要告诉一号孩子，犯错是正常的，他们即使不完美也值得被爱。错误只是学习和成长过程中的一部分，如果他们得知这个治愈信息，就能自然地发展成健康的一号。如果你的孩子是一号，纠正他们的时候要确保周围没有人，避免他们在别人面前觉得丢脸。可能一直以来这些孩子看起来都很自信，但是他们比你想象的更敏感。

亲密关系中的一号

要建立亲密关系或深厚友谊，一号要先克服不愿在别人面前表现脆弱的习惯。作家布琳·布朗把完美主义称为用来保护自己不受伤害的"20吨重的盾牌"。不幸的是，完美主义起到的真正作用是阻断我们与他人的连接。

对一号来说，放下盾牌就意味着放松自己保持情绪紧绷的需要，并承认自己害怕犯错，对批评很敏感，担心说错或做错事情。要做到这一点需要很大的勇气，但一号可以做到。

我听过海伦·帕尔默（Helen Palmer）一些关于一号的看法，大意是说他们不会每隔五分钟就跟你拥抱，或者不停地说"我爱你"，但这并不代表他们不爱你。一号表达"我爱你"的方式是承担责任，做他们应该做的事，给你带来更美好、更安全的世界。他们会确保你每年都做一次体检。他们对生活精打细算，为你做的每一顿饭都营养均衡，正确安排蛋白质、脂肪和碳水化合物的分量。

什么，你想要更多的拥抱？那你还记得飓风过后，你们家的房子是邻里中唯一有电和暖气的吗？那是因为几年前你的一号父亲买了一台备用发电机，并定期检查，妥善保养和加油。我觉得这就是拥抱了。

工作中的一号

没有人比一号更关注细节，所以在某些特定的职业中，我们希望能看到他们的身影。

去年，我乘坐世界上最大的飞机——空客 A380，从洛杉矶飞往澳大利亚悉尼。我通常不害怕坐飞机，但这架飞机真的大到吓着我了。这么一个庞然大物怎么能飞起来呢，还

得在空中飞 16 个小时？

起飞前，副机长巡视客舱并欢迎乘客登机，碰巧注意到我膝盖上放着一本关于九型人格的书。

"我妻子迷上了九型人格，"他指着书说，"她说我是个一号，也不知道那是什么意思。"

"这意味着我没有什么好紧张的了。"我松了一口气。

一号认为所有任务的执行都应该有条不紊，遵循流程和协议是很重要的。你不仅希望由他们来驾驶你乘坐的飞机，还会希望他们是设计你家汽车制动系统的工程师，是帮你的处方配药的药剂师，给你公司新网站写代码的程序员，给你梦想家园画设计图的建筑师，给你准备报税材料的会计师，给你梳理新书的编辑。你肯定也希望你的心脏病医生或神经外科医生是一号，当然我希望你永远没有这个需要。他们可以成为顶尖的律师、法官、政客、军人、执法官员，当然，还有教师。

勤奋、可靠、有条理，一号在有序的组织环境中最能发挥自己的能力，因为他们清楚地知道截止日期和每个人的任务。他们害怕犯错，所以需要定期的反馈和鼓励。他们非常乐意获得清晰的指导，到新岗位的第一天，他们会把 800 页的人力资源手册带回家，从头到尾读一遍。如果因为迟到而被扣一天工资，只要其他迟到的人也受到同样的惩罚，他们就不会有异议。

他们擅长评估公司或组织内部的问题，并能设计新的系统和流程，使其重新正常运行。一家州立大学聘请我的一个一号朋友，对大学的健康和福利部门进行改革。她在三年内，把这个部门从全校管理最差的部门，变成一个运作高效的部门，吸引了其他大学的注意，并派出自己学校福利管理人员前来学习。

但一号在职场中也存在一些问题，比如他们常常拖延。如果你看一个一号用铅笔头的橡皮敲膝盖，眼睛盯着休眠变黑的电脑屏幕，这可不是个好兆头。尽管他们很自律，也很想成功，但有些一号会因为担心自己做得不够完美，而推迟开始或完成项目。他们偶发的拖延，再加上因为害怕犯错而犹豫不决，会拖慢整个团队的进度。这种对犯错的恐惧，让一号无休止地反复检查自己的工作，这时就需要其他人鼓励他们放手，继续下一个任务。

一号通常难以适应变化，讨厌在执行项目时被打断，还讨厌把问题泛化。他们觉得，一个项目有一点表现不好，就会拖垮整个项目。如果发现商业计划有一个漏洞，他们会担心整个计划都有缺陷，可能需要进行重大或彻底的整改。

由于害怕批评或失败，事情出问题的时候，他们会迅速否认责任。一号会经常说"这不是我的错"或"别怪我，这不是我做的"。

如果成为领导者，他们会努力支持手下，特别是那些表露出渴望进步的人。然而，他们有时会表现出很强的控制欲，态度硬邦邦的，很少称赞别人，即使这称赞是别人应得的。他们也不愿把任务授权给别人，因为他们认为只有自己才能正确地完成任务。如果他们认为别人第一次没把事情做对，就会把事情接管下来自己重新做一次，每次都这样就会让他们的同事觉得很烦。那些让自我批评的炮火祸及同事的一号，通常也不是办公室里最受欢迎的人。

最后，工作中的一号，在生活领域也是一样，挣扎着分辨和控制自己的愤怒。如果你有一个一号同事，你需要知道，如果他们莫名其妙地咆哮斥责某件小事，比如那个霸占了他们停车位的混蛋，那件事可能并不是他们生气的原因。真正的原因可能是那天早上和伴侣发生争执，他们一整天都在努力压抑怒气还不愿承认，现在就借着其他事情发泄出来。如果你耐心倾听，温和地提出要澄清的问题，给他们足够的空间，他们最终能找到他们生气的真正原因。他们需要别人的帮助来厘清事情。

一号身上有一个特点是我喜欢的。如果得到健康的发展，他们会致力于帮助别人成为最好的自己。他们不再追求让别人变得完美，而是在不羞辱或者责骂别人的前提下，帮助别人实现自我。我的牧师朋友梅兰妮是一个发展健康的一号，她说："在我做的所有工作中，我最喜欢的是肯定别人的辛勤工作和才华，借此来鼓舞他们。这是我的职责带给我的最好的礼物。我的工作带给我欢愉，因为我能激励人们成为最好的自己，帮助人们发现自己的才能，构建内心的国度。"如果我年轻的时候，有一位发展健康的一号导师给予指导，那会对我有莫大的帮助。

也就是说，如果你想要一个有效率、有道德、一丝不苟、可靠，还能一个人做两个人工作的人，那就雇一个一号吧！

一号的性格动态迁移

一号带二号翼（二翼一号）。 一号如果位于二号翼发展程度较高的位置，二翼一号会更外向、热情、乐于助人和善解人意；如果位于发展程度较低的位置，他们就变得挑剔，且控制欲很强。他们能有效解决个人和团队问题，对教会、教育、社区、政府和家庭的需求都积极响应。二翼一号过于健谈，总是想在一天内完成很多任务。

二翼一号语速很快，让本来的讲授知识变成宣经布道。在二号的影响下，一号更容易感知别人需求。但与二号不同的是，他们没有那种抑制不住的、想要满足别人需求的冲动。

带九翼的一号（九翼一号）。 九翼一号往往更内向、疏远和放松。他们更理想主义，更客观、谨慎，说话前会想清楚，避免说错话，甚至会在思考过程中暂停下来。九翼一号表现得冷静，会考虑很长时间之后才决定，但这会加剧一号拖延这个毛病。

九翼一号轻松随和的状态有助于建立和维护关系。如果没有九号的影响，一号会对人期望过高，这样，他们的失望往往伴随着怨恨。

在压力状态下，一号会表现出不健康的四号（个人主义型）身上那些不好的特质。内心的自我批评挥之不去，会投入更多精力来改善世界。对别人的玩乐愈加不满，对批评更加敏感，情绪愈发低落。这时的一号渴望摆脱义务和责任，失去信心，感觉自己很不讨喜。

而有安全感的一号，身上会体现健康的七号（活力型）拥有的品质，会更加接纳自我，主动、有趣，乐于尝试新事物，看待事物的方式是兼容并包，而不是非此即彼。这时的一号对自己不再那么严厉，注意力从周遭世界的错误不公转移到公正美好，这让他们内心的自我批评变得安静一些。在安全状态下转向七号的这种情况，往往出现在一号离开家的时候，因为这时的他们觉得责任感没那么重了，不需要他们想办法改善情况、解决问题。去某个阳光灿烂的地方玩一周，一号在那里会变成完全不同的一个人。

如何弥补一号的性格缺陷

1.把你内心最有代表性的自我批评写在日记里，然后读出来，这样能唤醒你对自己的怜悯。

2.自我批评的声音响起时，笑着告诉它，你听到了，感谢它帮助你进步，让你避免犯错误，但目前你的生活主线是试着开始接纳自我。

3.不要给别人列待办清单，不要把达不到你标准的事情推翻重做；如果你在乎的人把事情安排妥当，要向他们表达感谢。

4.在你准备出手纠正不公或错误之前，先想一想这是你的热忱，或只是迁怒于此？

5.请你的七号和九号朋友来教你放松玩乐。明天的事情明天做。

6.犯拖延症的时候，想想原因是什么。你不愿意开展工作，是因为你担心自己不能完美地完成任务或者项目吗？

7.选一个你不擅长但又很享受的爱好，仅仅因为喜欢而去做。

8.每个人都会犯错，要原谅自己和别人的错误。

9.谁做得更好，谁更努力，谁能达到你的成功标准，留意自己什么时候会这样拿自己和别人比。

10.对于别人对自己的批评，要留意自己的接受方式，试着接受批评而不是辩驳。

如果你是一号，你会相信唯一能让你内心平静的方法就是让外在的一切变得完美。事实并非如此。要获得真正的平静，就不要强求完美，不要压抑自己的情绪，尤其是愤怒。不要把真实的自己隐藏在自以为完美的外表之下。不是要达到完美才算是好。每天重复几次这句话，让它融入身心。

在走向完整的路上，一号必须学会与自我批评相处。正如我们的一号朋友理查德·罗尔所说，"你越是抗拒，越是无法解脱"。意思是，对自我批评，你不要阻碍它发声，那只会让它更强大。很多一号说，给"批评声"起个有趣的名字会很有用处。当它发动攻势，一号可以说："'库伊拉'，感谢你在我小时候给我引导，但我长大了，不再需要你的帮助了。"

一号要牢牢记住，正确的方法不止一个。平静意味着过好自己的生活，也让别人过好别人的生活。生活并不总是非此即彼，非黑即白，非左即右。布琳·布朗总结出一号需要的治愈信息："你充满斗心，虽然并不完美，但依然值得被爱、被认同。"莱昂纳德·科恩（Leonard Cohen）在《颂歌》（*Anthem*）中反复吟唱的一段歌词被反复引用，虽然有点俗套，但我还是忍不住要提一下，因为那是写给一号的：

> 摇动还能响的摇铃，
> 别去想那不完美的献祭。
> 万物皆有裂痕，
> 那是光照进来的地方。

第6章
"太好了！又有人需要我帮忙！"
——助人者二号

我想让你快乐，但我也想成为你快乐的理由。

——佚名

认识二号

1. 如果别人需要我的照顾，我不懂得应该在什么情况下、用什么方式去拒绝。

2. 我是一个很好的聆听者，我会记得别人的人生故事。

3. 要去化解关系中的误解会让我很焦虑。

4. 我会被有权势、有影响力的人吸引。

5. 别人觉得我有特异功能，因为我总是知道别人需要或想要什么。

6. 即使跟我不熟的人也会跟我说他们生活中一些比较私密的事情。

7. 在乎我的人似乎都知道我需要什么。

8. 我需要别人认可和感激我做出的贡献。

9. 我更乐于给予帮助，而不是接受。

10. 我希望家人和其他人都觉得我家安全舒适。

11. 我非常在意别人对我的看法。

12. 我不会在意所有人，但我想让别人相信我是在意他的。

13. 我很喜欢爱我的人为我带来惊喜。

14. 很多人请我帮忙，这让我感到自己很有价值。

15. 别人问我需要什么的时候，我不知道该怎么回答。

16. 我很累的时候，会觉得别人把我的付出视为当然。

17. 别人说我的情绪有时丰富得快要溢出来了。

18. 如果我的需求和别人的相冲突，我会感到很愤怒，并且进退两难。

19. 有些电影让我觉得难受，因为我无法忍受看着别人受苦。

20. 如果我犯了错，会非常担心被原谅。

健康的二号常常可以说出自己的需求和感受，不会担心破坏关系。他们不遗余力地去关爱和照顾别人。这些快乐、有安全感的二号留有适当的界限，知道什么是他们该做的，什么是不该做的。他们创造了一个舒适、安全的空间，能够容纳他人，被很多人视为朋友。他们有爱心，也受人喜爱，能很好地适应环境的变化，知道真正的自我存在于他们与别人的亲密关系以外。

一般的二号深信，表达自己的需求和感情会威胁到他们与别人的稳定关系。他们是慷慨的人，但也常常有意识或无意识地期望自己的努力能得到回报。他们没有界限感，通常只能通过自己与别人的关系来认识自己。他们会被有影响力的人吸引，希望这些人来帮他们定义，会用奉承来获得这些人的关注。

不健康的二号会助长依赖。他们对被爱的渴望，让他们几乎会接受任何替代方式：欣赏、需要、陪伴和纯粹功利的关系。这种二号缺乏安全感，爱操纵别人，经常扮演殉道者的角色。与其说他们是在付出，还不如说是在投资，通过满足别人的需求来赢得爱，但总是期望投资有高回报。

☆ ☆ ☆

神学院毕业后，我获得一份公理教会的工作，地点位于康涅狄格州格林尼治镇。为了熟悉社区，我参加了当地神职人员的一个午餐会，在那里遇到了吉姆。他也是一位牧师，来自邻近的城镇。吉姆和我都是年轻的新手爸爸，都在暗自怀疑，进入牧师岗位的这一决定，会不会就跟喝醉后要文身的决定一样，值得仔细考虑。我和吉姆都非常渴望得到支持，于是就约定每个月见一次面，一起吃晚饭，分享前一天的礼拜，讨论服务教会过程中的各种见闻和逸事。我们很快就成了朋友。

一个周一，我和吉姆约好在早餐的时候碰面，我们同时到达餐厅停车场停车。他开了一辆全新的雪佛兰萨博班（Suburban），这让我很是吃惊。我笑着看他想尽办法把车停好，这看着更像是停泊一艘嘉年华游轮，而不是停一辆车。

"这车对一个助理牧师来说是有点太好了吧。"我对吉姆说，"你加薪了吗？"他从车里爬出来，按了一下钥匙上的锁键。

"说来话长。"他摇摇头，叹了口气。

"我可是等着要听了。"我说着，为他把门打开。

喝着咖啡、吃着希腊蛋卷，吉姆告诉我他和他的妻子凯伦是如何"自豪"地获得这辆萨博班的。这个故事中，还有一个成功的中年房地产经纪人，名叫格洛丽亚，参加了吉姆的教会，是一个深受爱戴的活跃成员。她健谈、热情，异常开朗，能让别人都觉得自己是她最好的朋友。她组织了一个很受欢迎的活动小组，面向高中女生，还告诉她们如果需要借她的肩膀靠着哭，可以随时去她家或打电话找她。她是很多活动的志愿者，在假日圣经学校讲课，也担任垒球队的教练。

几周前，吉姆开着他那辆破旧的日产轩逸送双胞胎女儿去幼儿园。等红灯的时候，格洛丽亚碰巧停在了他旁边的车道上。当她发现旁边的车里坐着的是吉姆时，她按喇叭示意、挥手，朝他女儿做鬼脸、飞吻。绿灯亮起，吉姆向格洛丽亚挥手告别，然后开车前进。这时他看了一眼侧视镜，在镜中看见格洛丽亚盯着他的车，那表情就像是看着一箱被遗弃的小狗。

平心而论，格洛丽亚担心吉姆的车能否正常行驶也不是没有理由的。吉姆的轩逸已经开了10年，这车的车身凹陷，前后保险杠都咣当咣当响，消音器是用衣架来固定在底盘上，发出轰隆隆的响声，像F-15的发动机一样。

接下来的周日，吉姆和家人从教堂回到家，在他家车道上看到了格洛丽亚。她身旁有一辆崭新的雪佛兰萨博班，车头盖还系着红色蝴蝶结。她拍着手，像兴奋的大学啦啦队员一样蹦蹦跳跳。吉姆和凯伦在想，他们是不是走错了房子，还是拐错了弯不小心闯进了《价格猜猜猜》（*The Price Is Right*）节目的拍摄现场。他们还在解开安全带的时候，格洛丽亚就冲了过来跟他们说话，语速快到听不清楚她在说什么，像是在说哪个地方的方言。吉姆下车之后，她给了吉姆一个拥抱，告诉他，他是教会有史以来最好的助理牧师。她又擦着眼泪，跑到车的另一边，搂住凯伦，滔滔不绝地说她是牧师妻子的榜样。

接着，吉姆的双胞胎孩子离开汽车座椅，在这辆全新的萨博班旁边跳起了舞，就像希伯来人围着金牛犊一样。格洛丽亚解释说，那天等红绿灯的时候看到吉姆开着他那辆破旧的轩逸，她心都碎了，非常担心他们全家的安全。她知道他们需要一辆新车，但牧师的工资应该负担不起，所以她要给他们买一辆。

吉姆和凯伦一下子说不出话来，得到这辆车让他们有种受宠若惊的感觉。虽然对此充满感激，但这礼物太贵重，也让人担忧。他们尽力表达这个想法，但格洛丽亚根本不接受拒绝。

"吉姆，我很幸运，能给予别人帮助。"她说着，把新车的钥匙塞到他手上。

"我知道格洛丽亚是出于好意，"吉姆对我说，"可是那辆车相当于被诅咒了。教堂里的其他牧师都有意见，因为从来没有人给他们送车。凯伦没法开，因为方向盘太高，她看不到前面，而且这车比航空母舰还要耗油。"

"你不能告诉格洛丽亚这车没法用，然后还回去吗？"我问。

吉姆摇摇头。"开玩笑呢？每次我见到她，她都问我们喜不喜欢这部萨博班，还有没有什么事她能帮上忙。"

我强烈地觉得格洛丽亚是九型人格中的二号。

二号的人格画像

为获得而给予。他人的认可对二号来说是维持生存最重要的条件。习惯将注意力放在他人的希望上，而忽略了自己的感受。

1. 二号能神奇地让人感到安全和舒适。走进我朋友苏珊娜的家，你会觉得自己来到了一个处于纷扰世界之中的宁静岛屿。房间里摆着大大的软垫椅子、几碗歌帝梵迷你巧克力、许愿蜡烛，墙上挂着宗教艺术主题的画作，贴心地把作家亨利·诺文和玛丽·奥利弗的书摆在茶几上供客人阅读，感觉就像是融合了丽思卡尔顿酒店和天主教静修中心的特点。二号接受别人本来的样子，不妄加评判，他们为身心创造一个空间，让人说出自己的心声和经历。

另一方面，正如理查德·罗尔所说："二号总是在准备着什么。"那是因为二号生活在一个针锋相对的世界。利用魅力，打造受人喜爱的形象。无论用什么方法，二号总是在诱导别人，因为他们相信，只有保持乐观开朗、奉承讨好的形象，别人才会在他们需要的时候支持他们。

普通的二号并没有意识到，在他们助人行为的背后，藏有未被表明的期待和隐秘的动机。他们认为自己对别人的帮助是慷慨无私的，并非基于不可言喻的假设，假设我们会回报他们。他们早上醒来第一件事不会是：哎呀！珍妮特是我的朋友，她这么忙，我得送一锅炖菜和一包巧克力给她，这样就能得到她的认可和喜爱了，而且我需要她的时候她也会来帮我。接下来的一周，情况发生了变化，轮到这位二号工作很忙时，无论是珍妮特，还是她以前帮过的任何一个忘恩负义的人，都没有给她送来一锅炖菜，这让二号心中充满怨恨。直到这个时候，二号的真正动机才显现出来。但是如果二号发展健康，能意识到发生了什么，会同情地对自己说："噢，不，我又这样了。我还是在期望等价回报，但这不会发生！我要继续改进。"

当二号走进一个挤满人的房间时，他们会关注每一个人，时不时地询问："你好吗？你有什么需要？你现在感觉怎么样？"他们能敏锐地觉察到别人的痛苦并有所回应，有时你会以为他们是催眠师。这就是一个例子，说明你的类型最好的一点，同时也是最差的一点。能够迎合别人的需求，提供帮助，这是一种极好的才能。但如果二号或任何其他类型，利用自己出色的能力来操控他人，从而获得自己想要的东西，这从来都是不可取的。

2. 二号总是给予别人太多的权力。 因为他们的自我价值取决于从别人身上得到的回应。我的二号朋友迈克尔，在他的第一段婚姻的时候，有一次他想对妻子艾米表示感谢，因为当时他在读研究生，艾米打了两份工来维持家里的开支。当她还在办公室的时候，迈克尔在家打扫了房间，在桌子上摆好蜡烛，沏一壶她最喜欢的茶，还在房间里贴满了写有甜蜜话语的便利贴。艾米（不是二号）回到家时，心烦意乱、疲惫不堪，她径直走过桌子，没有注意到桌子上放了什么。整整两个小时过去之后她才发现："那些花是给我的吗？"但为时已晚，迈克尔已经怒火中烧，怨恨满满。他花了好几个小时来准备这个惊喜，但是情绪不佳的妻子甚至没有注意到。一整夜，他都在为艾米不懂感激而争吵不休。

"到了第二天，我意识到我不仅仅想要艾米的欣赏。还希望她臣服于我的脚下，崇敬我，仿佛我是无私奉献的守护神。在我们后来的婚姻中，我意识到我自尊的高低，取决于艾米和其他人如何看待我这个助人者的角色。这样一来，给予别人的权力就太多了。"

3. 二号总是在寻找蛛丝马迹，看别人是否欣赏他们。 我的朋友雷诺兹是一个二号，也是一位才华横溢的作家和演说家。他曾对我说，他觉得公开演讲是一场噩梦。"我会一直关注人群的反应，"他说，"每次站在一群人面前，我都觉得自己的额头上贴着一张 3 cm×5 cm 的卡片，上面写着：'你喜欢我吗？'不可避免的，我的助人者'天线'会接收观众发出的负面信号，即使观众看起来只是有点不高兴。我愿意做任何事情来取悦他们，除了倒立。如果我所做的一切都无法唤起赞许和欣赏的表情，我会感觉自己是个离场的失败者。"

4. 二号担心，一旦别人能自立就会抛弃他们。 苏珊娜的四个孩子十分喜爱她。从他们出生的那一天起，她就和他们建立起密切的关系。但在很长的一段时间里她都坚信，他们长大后，成家立室，就会不愿意和她在一起了。她一直认为：一旦他们不再需要我，他们就会离开。二号不明白的是，别人不会每时每刻都需要他们，但这不代表别人不希望生活中有他们。

二号参加聚会的时候，可以凭直觉得知，哪对夫妇在来的路上吵架了，哪个人宁愿此刻在家看棒球比赛，哪个人正在担心失去工作。他们能感知别人的感受，二号的谈话风格是帮助和建议。只要你稍微暗示了你的需要，不成熟的二号就会给出"有用的"建

> 善行无辙迹。
> ——老子

议（或者他们帮助你的计划）。问题是，并不是聚会上的每个人都想要有一个帮手介入自己的事情，二号要学会辨别。像拉布拉多寻回犬那样跳进大海营救溺水儿童之前，他们必须问自己："这是我要做的吗？"如果有人真的溺水了，再跳进水里救人。否则，要选择克制。

5. 二号能感知并满足他人的需要。这里的关键词是"感知"。你不需要告诉二号你想要什么；他们就是知道。问题是他们会假设每个人都跟他们一样，也能感知他人的内心。这可能会引起争论，一个人开始挥舞着双臂说："我又不会读心术，怎么会知道你想要什么？"最后，二号冲出房间，回头大喊："我很烦你总是问我需要什么，那是你本来就应该要知道的！"

精疲力竭让二号恐惧，因为他们的自我价值依赖于别人对他们的感激，这要去照顾别人才能获得。如果精力已经耗尽，那就无力付出，那他们还有什么用？此时，疲惫的二号可能会情绪爆发，因为他们觉得别人把自己的付出看作理所当然。

苏珊娜是个完美的二号。她的工作是演讲，也是牧师的

妻子，她有很多机会成为助人者，或许是太多了。她筋疲力尽地回到家，乔正在整理厨房，她走了进来，然后会有以下对话：

"你今天怎样呀？"乔问了一句。

"做完了。"

"做完什么？"

"所有事情。没人感激我。他们都指望我付出、付出、付出，但是都没人说一句谢谢。现在其他人很好，只有我是疲惫不堪的。所有我帮过的人都感到棒极了，可能还举行了派对，只是忘了邀请我。"在接下来的几个小时里，苏珊娜会一直摔门，向乔递交她的教会成员辞呈，因为她在主日学校上了成千上万节课，但教会的领导们从来没有感谢过她，又或者威胁着说要跟她的孩子们开电话会议，要质问他们，她这么多年以来早早起床给他们熨烫衣服，为什么他们一次都没有感谢过她。在最好的状态下，二号热情大方；在最坏的状态下，他们是满腔怨恨的殉道者。

二号人格易出现的性格缺陷

在所有类型中，二号是最友好善良、乐于助人、积极向上、温柔体贴的人。我有三个要好的朋友是二号（其中一个是我的合著者苏珊娜），他们的爱心和慷慨散发出巨大的精神能量，足以温暖一座城市。二号是最先到达危机现场的应急人员，也是最后离开宴会的参与者，如果还有碗碟要洗的话。在九型人格中，他们被称为助人者。

如果你怀疑自己是二号，那就坐下来，拿一盒面巾纸，点上香薰蜡烛，再来几次深呼吸，然后再阅读接下来的内容。在九型人格所有类型中，二号对批评最敏感，但你要相信我，这最后的结果是好的。

二号、三号、四号组成感觉／心脏组，是九型人格中最以情感为导向、以关系为核心，最注重个人影响的类型。这三个类型都相信，如果他们做自己就不会获得爱，所以他们都各自表现出一种虚假形象，认为这些形象能帮助他们获得别人的肯定。

二号需要被需要的感觉。他们靠别人对自己的需要来稳定飘忽的自我价值。表现出快乐、受人喜爱的形象，还有去帮助别人，这些都是他们用来赢取爱意的策略。对于二号来说，感激的话语让他们几近迷醉。一些表达感谢的话，比如"幸好有你在！"或者"你真是我的救星！"，会让二号感觉良好，好到"贾斯汀·比伯刚刚转发了我的推特"那种程度。

傲慢是二号的困境。这听起来很荒谬，因为二号表现出更多的是无私，而不是自我膨胀。其实傲慢一直徘徊于二号的灰暗面，表现在他们将全部注意力和精力集中于满足他人的需求，同时让别人认为他们自己没有任何需求。二号相信其他人比他们更需要帮助，只有他们最清楚别人需要什么，这就是他们的傲慢。他们认为自己不可或缺,但这只是一种想象,他们却沉醉其中。二号不分青红皂白地要去照顾别人。他们认为有人比自己更弱,经验不足,不能很好地打理自己的生活,没有他们的照顾就会迷失方向,于是他们把自己的帮助和建议强加于这些人身上。当别人需要帮助时,二号很乐意骑上白马前去救人于危难,但他们无法想象自己有困难的时候可以请求别人施以援手。二号很少找人帮忙,至少不会直接问,即使有人要提供帮忙,他们也不懂得接受。按照二号的理解,别人得依靠他们,但他们去依靠别人? 那是不可能的。不客气地说,二号过高估计自己的力量、独立性,以及自己之于他人的价值。傲慢之下隐藏着什么? 恐惧。他们害怕承认自己的需求会以丢脸告终,直接请求别人满足自己的需求会被拒绝。他们会问:如果被人拒绝怎么办呢? 这么丢脸我还怎么活下去? 那只会证实我一直以来的观点:我不值得被爱。

尽管他们自己并不总是意识到这一点,但不健康的二号为其他人提供帮助,是有附加条件的。他们想要回报:爱、欣赏、关注,以及一种隐藏的承诺,那就是往后的情感和物质支持。他们的付出是经过算计和谋划的。二号认为,如果他们能够赢得赞赏和认可,唤起别人的亏欠感,那到他们需要帮助的时候,不用他们去问,别人就会知道他们的需要,就会想向他们提供帮助。他们下意识地起草一份等价交换协议:"我会支持你,前提是你要答应我,不需要我承认需要或请求帮助，你就会支持我。"

二号相信，在他们生活的这个世界里，只有别人需要你，你才能得到爱；你必须付出才能有收获。他们相信，没有为你服务，你就不会让他们留在身边，所以为了照顾你，他们会无限地付出时间和精力。不健康的二号驾驶的爱心专列让人十分惊奇，因为一旦它离开车站，就无法停下。

二号的童年和原生家庭

禁不住要取悦每个人的那个孩子，很可能就是二号。二号孩子通常善于交际，有亲密的朋友。他们会通过送出自己最喜欢的玩具和午餐，来收买和维系别人的爱，因为他们担心自己会没人喜欢。

这些孩子异常敏感，容易流露感情。他们总带有一丝悲伤，因为他们认为自己不受喜爱。一旦他们意识到，乐于助人可以赢得别人的友好和赞美，他们会第一个站出来要提供帮助，训练结束之后帮助教练收拾设备，问老师是否需要帮忙分发学习用具。随着时间的推移，这些孩子会习惯于讨好别人，高估这种做法对家庭、学校或运动队的价值。作为孩子，他们很早就变得独立，因为他们将自己的需求视为问题，是应该要避免的。

这些孩子接收到伤害信息，即拥有或表达自己的需求会招致羞辱和排斥。他们了解每个人的感受，努力使自己的行为和形象适应他人的需求。不要因为二号能告知到你的需求，就理所当然地认为他们也了解自己的需求。如果二号遇到了困难，你问他们需要什么，他们很可能回答说不知道。如果逼他们，他们可能会变得沮丧，也会表现得情绪激动。二号花了太多时间和精力关注别人的需求，忘记了自己的需求。成年之后，这就会变成他们的生活模式。

亲密关系中的二号

如果你幸运地拥有二号生活在你身边，你要知道对于他们来说，关系意味着一切。我说的是一切。在九型人格所有类型之中，二号最善于人际交往。他们温暖又善于接触，会自然而然地靠近别人。例如，苏珊娜碰见她认识的人，就肯定会碰碰胳膊、拍拍背，或者把他们的脸捧在手上，这样她就可以看着他们的眼睛说："你知道我很爱你，对吧？"

很重要的一点是，要让二号知道，我们也爱他们。

他们对事物有很深的感受，容易表达情感。你可能不知道的是，二号的大多数感情都不是自己的，他们会体会你的感受。他们的孩子很快就会发现，比起他们自己的感受，妈妈或爸爸更能体会孩子的感受。

感觉/心脏组的三个类型都在寻找个人身份认同感。二号建立身份的一种方式，是通过他们和身边的人的关系来识别和看待自己。因此,他们介绍自己的时候不会用自己的名字,而是介绍自己和别人的关系。每次都是:"你好!我是艾米的丈夫"或者"我是杰克的妈妈"。二号需要学习展现个性做自己。

对二号来说,这一旅程通常始于中年。多年以来都将他人的需求置于自身需求之上,这让他们感到疲惫不堪。有一天他们突然意识到:"我不能再继续这样付出了,我要更好地照顾自己。"对于二号来说,这是一段艰难但必要的经历。习惯了二号以他人为先的那些人也要改变,不能再迫使二号停留在不健康的状态,把所有人置于自己之前。到了那个时候,很重要的一点是要鼓励二号追求自我,好好地关心自己。

工作中的二号

职场中的二号经常扮演二把手的角色,但这丝毫没有贬低他们的意思。他们知道管理军队的是军务,而不是将军,所以他们非常乐意成为王座背后的力量。我上小学的时候,校长的秘书是一个善良、精力充沛的热心女人,名叫帕克小姐。帕克小姐坐在办公室里,没完没了地接电话,安抚焦虑的母亲;我们考试考得好的话,会让我们从她办公桌上的果盘里抓一把巧克力豆;她会确保容易过敏的学生上学的时候戴上口罩;她还会经常鼓励疲惫的老师;下午 3:00 时,她会穿上橙色背心,监控放学后的接送。在我的小学里,如果你需要爱、午餐钱，那就去找帕克小姐。虽说校长也是个好人，但我连他的名字都想不起来了。

二号凭直觉行事，人际交往能力很强，他们需要在与很多人接触的岗位上工作。二号建立社区团体，他们知道办公室里谁表现好，谁表现不好。他们记得别人的生日和每个人孩子的名字。他们最先获得内幕消息，知道每个离婚人士背后的故事，谁家孩子要去戒毒，谁怀孕了（甚至比孩子的爸爸先知道）。作为领导者，他们知道怎样找到合适的人来完成任务，用鼓励和表扬来激发下属的积极性。他们有

> 不认真检查送上门的木马，最后你可能会发现那是一匹特洛伊木马。
>
> ——大卫·塞勒

同理心，乐观积极，因为他们的形象意识，他们能把一个组织的形象打造得出类拔萃，得到外界的认同。

如果你是二号的主管，你就得记住，批评过多或者话语太严厉，都会压垮他们。二号不像其他类型的人那样，有兴趣在职业阶梯中向上爬。即使他们感兴趣，也会忽略自己对认可和关注的渴望，因为如果承认这种渴望，他们就有可能要面对失望。

二号的性格动态迁移

带一号翼的二号（一翼二号）。一翼二号关注的是，要正确地做事。他们想表现得可靠和负责任。因为有一号翼的

影响，这类型助人者对自己更挑剔，更有控制欲，也更容易内疚。他们的界限感更清晰，也更清楚自己的情感需求，但在表达方面也面临更多困难。他们不太信任别人，希望自己的努力能获得更多回报。

带三号翼的二号（三翼二号）。 三翼二号的野心较大，关注个人形象，好胜心强。有时能像三号（表演者）那样外向而有魅力。与一翼二号相比，他们更关注与别人的关系。这种二号较为自信，也因此能获得更多成就。在人们眼中，他们慷慨、有爱心，也是个成功人士。在这个位置的二号，自我形象意识较强，可以成为三号那样的"变形人"，达成目标需要什么，他们就变成什么。

在压力状态下，二号身上可见到不健康的八号的特征行为。这时的二号变得很苛求，有很强的控制欲，他们会直接地表现出来，也会在暗地里操纵。他们因过往错误而产生攻击性和报复心会令人感到不快。

当他们感到安全时，二号会转向健康的四号，在这个位置上，他们不会假装自己关爱所有人。他们明白自我关爱的需要，会关注自己的内心。为了投资自己，他们会做一些有创意的事情，给自己带来欢乐。这时的二号，可以想象自己能在没有帮助别人的情况下也自我感觉良好。

如何弥补二号的性格缺陷

1.与其留下线索让别人猜，不如直接告诉他们你想要什么。

2.如果你发现自己为了赢得别人的认可而极力塑造讨喜的形象，或者过度奉承他人，那就在心里来一次深呼吸，然后换一种方式重来。

3.不要条件反射地答应所有请求。有人找你帮忙的时候，你可以说等有时间时再回复他们。或者试着说"不"，明确你的立场。

4.当你一腔热血地要去解救别人，先问自己，这是我该做的吗？如果不确定，找你信任的朋友讨论一下。

5.如果意识到自己又表现出这个类型的典型行为，温和地问问自己，如果我现在没有去奉承、满足别人，感觉会是怎样的？

6.尽量做好事不留名。

7.对自我价值和自己之于他人的价值，二号要么认同过高，要么认同过低。要记住，你不是最好的也不是最差的。你就是你。

8.如果产生怨恨的感觉，或者觉得自己应该获得回报，不要否定这些感觉，应该把它们看作一种邀请，带着善意审视内心："现实生活中我最需要关注的是什么？"

9. 如果发现自己的情绪过于激动让别人招架不住，不要自责，要庆幸自己发现了这个问题，然后调整自己。

10. 每天问自己两三次，现在自己感觉怎样？我现在需要什么？现在没有答案也不要担心，练出自我关怀的"肌肉"是需要时间的。

和每个类型一样，二号的优点就是他们的缺点。如果付出太多，或者帮助别人并非出于好意，又或是服务别人是出于自私而不是源自内心的召唤，这样的付出就会变成算计和操控。如果你是助人者，阅读这一节可能会让你非常难受。

二号一直以来都在担心，一旦人们发现他们有自己的需求，有未处理好的悲伤，就会排斥他们。二号生活在谎言中，他们让自己看起来是快乐、无私的助人者，但外表之下那个真实的自己却很糟糕、脆弱，他们相信只有这样做才能赢得爱。和感觉／心脏组的其他类型一样，他们相信，如果向世界展示真实的自己就会招致排斥。二号治愈的信息是"有人需要你"。二号的需求也很重要，他们现在就应开始学习直接表达他们的真实感受和愿望，不必过度害怕丢脸或被拒绝。

所有的二号都必须学会区别利己和利他。以利己为前提的给予，期望得到回报，而利他的给予，则不存在任何附加条件。正如俗话所说："期待回报的付出，实则为投资。不求回报的付出，那就是爱。"

万幸的是，只要有一点自我认知和自我意识，二号就能明白付出应不求回报。如果你是二号，那就意味着你付出了你应该付出的，不多也不少。你在朋友工作忙不过来的时候，帮忙照顾她的孩子，但当你面临同样的紧急情况时，她却没有施以援手来回报你。这对你来说并不重要，因为你也没有期望她会这样做。正如我的"十二个步骤"互助对象提醒我的那样，"期待是等待中的怨恨"。

回想一下我的朋友吉姆，他在这一章的开头出现过。他不想要、不需要，也没有请求格洛丽亚的帮助，而且事实上，她的"帮助"根本不是帮助。这件事情可能会有不同的结局，如果有另一个版本的格洛丽亚，这个版本的她更有自我意识，那她跟吉姆说的就是："吉姆，那天在等红灯时，我留意到你的车看起来都快要报废了。可能是走运，我得到的金钱远超我的需要。如果你和凯伦能坐下来跟我谈谈，看看我有什么能帮上忙，我会非常开心。不要觉得有压力，如果需要我的帮助尽管跟我说。"

你以为你在帮助或服务其他人，但实际上并不是，有时对方也只是想让你放松一下。

如果二号要学会如何考虑自己的需求，就像他们关注别人的需求一样，他们必须在独处中读懂自己的灵魂。如果在社区服务中进行，他们会忍不住帮助身边的人追求精神上的成长，而不是专注自己的发展。在这种情况下，二号会放弃一切来帮助陷于危机的人，这种倾向，与其说是服务他人，不如说是一种防御，用以回避自己的需求和感受。没有其他人在场的时候，他们可能会问自己，没有人需要我的时候，我是谁？

第7章
"形象就是一切！"——表演者三号

真正的问题是，你会爱真正的我吗？
不是你想象中的我，而是真正的我。

——克里斯蒂娜·菲恩

认识三号

1. 别人认为我是赢家，这对我很重要。

2. 我很享受给在场所有人留下深刻的第一印象。

3. 我能说服比尔·盖茨买苹果公司的电脑。

4. 我快乐的关键是效率高、有成果，还有我被公认为最好的。

5. 我不喜欢别人拖我后腿。

6. 我能把失败粉饰为成功。

7. 任何时候我都会选择做领导者而不是追随者。

8. 连缺点我都要一比高下。

9. 我总有办法赢，能和任何人建立关系。

10. 我是世界级的多任务处理能手。

11. 我会细心观察别人对我的反应。

12. 我很难放下工作去休假。

13. 我很难描述和感知我的情绪。

14. 我不太愿意谈我的个人生活。

15. 有时候我会觉得自己是伪君子。

16. 我喜欢设定和完成可衡量的目标。

17. 我喜欢别人知道我的成就。

18. 我喜欢别人看到我和成功人士在一起。

19. 如果能更有效地完成任务，我不介意走捷径。

20. 别人说我不知道怎样、在什么时候停下工作。

健康的三号不裹步于表面的美好，他们追求的是让别人了解真正的自己、喜爱真正的自己，而不是他们做到什么。他们也喜欢给自己订立目标，勇于接受挑战和解决问题，但是他们不再把自我价值与这些事情捆绑在一起。他们会合理安排充沛的精力，兼顾工作、休息以及冥想练习，认识成为自我的重要性，而不是只关注行动。他们觉得自己很有价值，这让他们释放出柔软的仁爱之心，关注公共大众的利益。

　　一般的三号总要努力更上一层楼，花很多时间去工作或健身。他们有很强的动力，甚至在教堂做志愿者的时候，也要努力表现。他们认为爱是要争取的，于是放下自己的信念，去追求别人眼中的成功，努力做得更多、更好。他们虽然对自己的能力很自信，但还是很在意自我形象，时常担心表现不佳会失去自己在别人眼中的地位。

不健康的三号不能接受失败，这就导致他们不愿承认错误，表现得好像他们总是高人一等。由于渴望得到关注，他们可能会把自我欺骗变为蓄意欺骗，编造讲述自己经历和成就的故事来维护自己的形象。最不健康的三号会很小气，刻薄又记仇。

☆ ☆ ☆

我在康涅狄格州的格林尼治镇长大，很多世界有名的对冲基金经理、风险投资人和投资银行家也汇集于此，住在这里的三号比在戒毒所的童星还多。我父亲是这里面的典型。跟所有的三号一样，我父亲相信，要得到人们的爱戴，就必须获得成功或看上去成功，要不惜一切代价避免失败，保持让人满意的成功人士形象。多年以来，他在影视行业的职业生涯，让他光鲜体面，保持很高的知名度。直到 40 岁的时候，一系列糟糕的个人和职业决策让他失去了一切。他的事业无疑是失败的，但这一点你永远不会从他身上得知，因为他不会表现出来，也不会说出来。

即使我们家经济拮据，我父亲还是会在伦敦的杰明街买手工西装，开昂贵的（尽管是二手的）英国跑车，是我认识的人之中唯一会系领巾的人。他会跟别人说，我们住在伦敦的时候，喜剧大师梅尔·布鲁克斯和卡尔·雷纳在我们的客厅里表演喜剧小品；他和著名影星威廉·霍尔登一起去狩猎；还有《007》的主人公詹姆斯·邦德的扮演者罗杰·摩尔，他的事业也得益于我父亲的帮助。每一个都是经过修饰的"真实"故事，他让这些事情听起来像是发生在上个月，而不是10年前。

我父亲认为，阔绰的格林尼治人只会看重那些成功富有、圆滑世故和人脉广泛的人，所以他把自己变成了"那种人"，以赢得他们的敬重。

这种树立完美形象以取悦他人的才能，我父亲并非只在格林尼治上流社会之中运用，他在任何场合、在任何人面前都能用上。过程是这样的：到达派对后，他做的第一件事就是对现场人群进行解读。他想知道人群总体构成——都有些什么类型的人，他们的喜好、价值观和期望是什么，相应的，他能回答这些问题："我需要塑造什么样的角色才能得到这些人的认可？我要变成什么人他们才会喜欢和欣赏我？"一旦得到答案（整个过程也就用了30秒），他就会改头换面，变成"那种人"。有一次在加油站车库，我父亲走到一群汽车修理工之中，还没来得及谈到"化油器"，他就摸清了这些修理工的举止习惯、谈吐风格、情绪和风度。他不知道消音器和杂物箱的区别，但到我们离开的时候，那些修理工认为他完全可以去做 NPR 汽车频道的主持人了。

三号的人格画像

健康的三号有很多让人喜爱的地方。他们乐观、有韧性,会大胆地梦想,能够激励他人。当他们在精神上得到健康的发展,就会具有良好的自我意识,不需要去证明自己。他们会谈论你的梦想,祝贺你的佳绩,而不是吹嘘自己的成就,夸夸其谈。发展良好的三号没有丝毫虚假。他们不害怕失败,能够分享从错误中学到的教训。他们慷慨睿智,主动运用自己高超的技能,去帮助各种机构组织达成目标使命。

> 形象就是一切。
> ——安德烈·阿加西

而不健康的三号则有一种可悲的不安感,他们总想证明自己的能力。他们在政治上很有头脑,能大杀四方,渴望获得民众的拥护,好像在问:"你们看我表现得如何?"有些三号如果在一个地方休息停留太久会变得很烦躁,因此他们的假期需要安排各种活动,比如去浮潜,或者骑自行车穿越法国。不过,他们很有可能还会带上装满工作文件的公文包。三号即使对谈话不感兴趣,也会假装成感兴趣。如果他们知道你不会"玩",或者觉得你不够有趣,他们会微笑着点头,表面上认真听你说的每一个字,但事实上却在脑子里想着其他工作上的事,或者越过你望向远处,寻找真正的对手。

最近，苏珊娜和我参加了一次会议，与会听众都是成功人士。一位名叫大卫的律师分享了自己的故事，他曾经相信生活就是你拥有什么、认识了谁、看上去有多好，直到50岁的时候，他遭遇了一次危机，还差点丧命，这次经历让他有机会面对自己。"我花了很多力气去认识自己，成为真正的自己。"大卫一边说着，一边把手放在胸口上，"现在，我已经不会总想着工作，想着要赢，而是更多地想要怎样'成为大卫'。"大卫是一个充分发展的三号。他不再认为自己必须每周工作80小时，做的每件事都要达到公认的最好，才会得到别人的喜爱。总体来看，比起九型人格中的其他类型，三号在觉察、连接自己的感觉这方面会有更多困难。他们既不能了解自己的感受，也不会了解别人的感受。还记得上一章的内容吗？二号或许对自己的情绪一无所知，但却能感知别人的情绪，且精准度堪比雷达。无论是对自己的感受，还是别人的感受，三号确实是摸不着头脑。

与其说三号"有"感受，还不如说他们会"运用"感受。因为无法触及或者识别自己的感受，所以他们会无意识地观察别人表达情绪的方式，并活学活用。在葬礼上，他们看起来很悲伤，但实际上他们并没有悲伤的感受，分辨的要点是他们可能同时在想一个未完成的项目。

三号会掩饰、抑制自己的感受，这样就不会破坏"我拥有一切"这个表象。此时，他们感到沮丧、愤怒、害怕，但同时会保持他们那乐观、自信的扑克脸。总的来说，三号最在意的是效率和完成任务。感受杂乱无章，会减慢达成目标的进度，所以三号不会花太多时间在这上面。

三号在童年时就认为，不应该拥有自己的个性身份和感受。随着大众的眼光，什么样的人是成功的，他们就会抛开真实的自我，去成为那样的人。我曾对一个正在进行精神探索的三号说："你一定很爱你的父亲，可以为了取悦他而放下真正的自己。"这个男人哭了，似乎松了一口气，因为知道了在他的面具之下是爱，而不是空无一物。

有一个问题：美国就是一个三号！这个国家的社会文化对成功的定义，就体现在三号身上，三号因此而获得赞扬和奖励，那还有什么能激励他们改变呢？多少人看着三号会想：真希望我能像他们那样。我的意思是，这个国家的人串通起来造就了这个环境，怂恿这些表现出色的三号一直活在谎言之中。我们要求三号用他们的才能来帮助公司发展，为我们教会筹集资金，但利用完他们之后，就在他们背后批判他们不真实、自恋，这样的做法是不对的。这就是苏珊娜和我都喜欢九型人格的原因。了解塑造三号性格的世界观和动机，知道他们这个类型（希望也包括其他类型）的困境，难道还不能唤醒我们对他们的同情心吗？

生活在这个以成功为导向、执着于形象的社会文化之中，有些三号每天都"逆流而上"，追求精神上的充分发展，这种三号着实令人肃然起敬。我们身边有很多这样优秀的人努力地要成为自己。

三号人格易出现的性格缺陷

读了这些故事，你会觉得我父亲装模作样，这无可厚非。但是如果我告诉你，他之所以要树立起别人眼中功成名就的光辉形象，是因为他相信只有成功或者至少看上去成功，自己才有价值，才值得被爱，你会不会同情他？他从小就认为，必须持续打造自己的形象才能得到认可，最后他再也无法分清虚假的面具和真实的自己，这样你是否会心怀怜悯？

这是表演者的桎梏。

根据九型人格理论，表演者的困境是欺骗——不是因为他们欺骗了别人，而是因为他们欺骗了自己。正如纳撒尼尔·霍桑所写："独处时一个样子，面对众人又换成另一个样子，长此以往，没人还能分清究竟哪个才是真正的自己。"

三号要塑造一个令人印象深刻的形象，甚至会用这个形象与有影响力的人进行交往，帮助自己获得社会地位的提升，或职业上的进步，但在这个过程中，他们忘记了真正的自己。随着时间的推移，他们对这个角色变得过度投入，在角色表演中迷失了真正的自我。他们愚弄了自己和所有人，相信那个虚假的面具就是他们真正的样子。

著名的三号：
泰勒·斯威夫特、米特·罗姆尼、汤姆·克鲁斯

以虚假形象示人来满足未被满足的需求，这种策略并非

三号所独有。感觉 / 心脏组（2、3、4）中的类型都不相信人们能看到真正的他们，给他们无条件的爱，所以他们丢弃真正的自我，去投入各种角色。二号能瞬间换成欢快、讨喜的形象，去取悦他们身边的人；四号（剧透警报！）会展示特立独行的形象，原因你很快能了解到；三号展示功成名就的形象以博得他人仰慕。

不成熟的三号不但要赢，还要看起来赢得很容易。对他们来说，屈居第二，只是失败者的委婉说法。在课堂上，在运动场上，在交易大厅里，在舞台上，在大教堂里，在董事会会议室，无论在什么场合，三号都必须成为明星。他们在成长过程中认识到了，这个世界只会看你做成什么，不会管你是谁。缺乏自我意识的三号把成功与爱混为一谈，这让他们总要事必争先，每次考试都要拿第一，每一笔交易都要达成，每个礼拜日的布道演说都要比得上"我有一个梦想"（美国黑人民权运动领袖马丁·路德·金发表的演讲）这样的演讲，要打破公司里每一项销售记录。生活就是要不断取得成就，赢得掌声。

三号是"变形人"，能够切换角色以匹配环境。"三号不是只有一种角色，我们有一整个军团。"这是一位牧师跟我说的玩笑话，这位牧师是三号，目前已在精神上达到自知之境。在最近的一次研讨会中，我们开展了关于三号的讨论，一位衣着醒目突出的女士在休息的时候，走过来向我坦言道："我的搭档说，面对满屋子的潜在客户时，她发誓她能听到我脑子里的'观众分析软件'在启动。在介绍结束之前，我就清楚我要切换成哪个角色来达成交易。"

未达到自知的三号是社交变色龙。可想而知，他们有树立各种形象的能力，让他们达成交易，成功追求心仪的对象，但也会让他们想不通哪个才是真正的自己。即使他们难得一次放慢脚步来反思自己的生活，他们可能会觉得自己是个骗子。"我有千百个面具，但哪个才是真正的我？"这个灵光一闪时提出的疑问，说出了三号最大的恐惧："会不会表面形象之下什么都没有？会不会我只是一副空壳？"

除非三号能遇到一位睿智的精神导师，在导师的帮助下，让思维空间有足够长的时间保持虚空状态，让真实自我浮现，否则，这会让他们惊慌失措，退避到自己建立的角色之中，还会加倍努力，让自己更成功、更令人敬佩，

> 我喜欢表现出不同的性格。
> ——米克·贾格尔

这样才能掩饰他们的空虚。通常，三号要经受挫折，而且是希腊悲剧那种程度的挫折，才会觉醒并意识到，比起"形象就是一切"，"做真实的自己"才是更好的人生格言。

三号的童年和原生家庭

在童年早期，三号就得到这样一个伤害信息："你做成什么，你就是什么。"因此，他们会成为高性能的成就机器，

追求卓越,从成就之中获得认可,这是他们身份的基础构成。如果觉得父母或社会文化把学习成绩看得高于一切,那么在上初中的时候他们就会把目标定在进哈佛上。同样,如果成长环境将成为黑手党头目视为终极成功,那这也会成为他们的人生目标。

最可悲的是,即使符合家庭、社会文化偏好的要求,和他们真正的自我没有丝毫相似,又或者这需要他们做一些违背本性的事情,三号也会无条件地做到。网球运动员安德烈·阿加西的故事就是一个例子。1991 年,阿加西拍了一个照相机的电视广告。在广告中,这位衣着时髦的超级运动员从一辆白色的兰博基尼车里出来,漫不经心地望向镜头,把他的雷朋墨镜拉至鼻梁中间,说道:"形象就是一切。"噢,这就是年轻的三号!

> 我们内心深处的使命,就是要成为真正的自我,不管这个自我是否符合别人对我们的要求。
>
> ——帕克·帕尔默

阿加西在他的自传《网》里写道,在他的成长过程中,父亲对他的爱,取决于他在球场上的表现。他在书中首次公开承认,从第一次拿起球拍,到退役这一天,他都讨厌打网球,这让全世界球迷都感到震惊。驱使他成为世界冠军的,并不是对网球的热爱,而是对赢得父亲的心的渴望,他对父亲的形容是"分不清爱我还是爱网球"。其他三号也有类似的说法,他们的成长环境让他们担心,如果他们没有拿到优异的成绩或奖杯，父母、同伴、教练就会忽视或忘记他们。

我朋友艾伦的父母在穷困之中成长。从小到大，艾伦和他的孪生兄弟总是听到父母说："希望你们比我们获得更多成就。"早些年的时候，两个孩子的成绩都拿全优，打篮球也非常出色，艾伦的爸爸妈妈欣喜若狂，对他们夸奖有加，这让他们觉得除了继续努力保持现状，别无选择。

"我的父母很棒，他们爱我们胜过世界上任何东西。"艾伦现在说，"但他们根本不知道，为了让我们成功，他们给了我们多大的压力。在成长过程中，我们下意识地认为，他们对我们的爱是有条件的，那就是我们做每件事都必须表现出色，我们非常害怕让他们失望，如果他们知道了这些，一定会伤心至极。虽然他们从来没有说过'只有你成功了，我们才会爱你'，但我们那时还是孩子，我们会下意识地这样理解。"没有活出自我的父母，会把孩子推向非孩子所选的命运深渊。

三号孩子早上醒来就做好了一天的计划。他们有很强的社交意识，知道自己要穿什么去上学，和谁一起吃午饭。他们还知道哪些小孩很酷，为了进入这些小孩的圈子，他们会选择违背自己的意愿，忽略自己的感受。这些孩子已经配齐了获得成功所需的装备。

他们会努力去做好身边的人重视的事情，如果事情没有做成，他们会很沮丧。他们注意力集中，好胜心强，因为他们相信取得成就才能被爱。这些孩子都想要脱颖而出，而他们都做到了。

亲密关系中的三号

三号是九型人格中最不了解自己感受的类型,他们得在人际关系的领域中有所表现才对。

缺乏自我认知的三号,希望外界看到他们树立的完美家庭形象,这是他们大型自我营销活动的一部分。但是要保持这样的形象,会让他们的伴侣和孩子筋疲力尽。三号无法理解自己的感受,又渴望给人以正面形象,于是会有意识或无意识的,按照典型的尽职父母和配偶的样子,扮演自己的角色。其他放任自我的三号,会无意识地把伴侣或者与伴侣的关系,看作任务管理列表上的活动项目。这些人会成为他们的一个工作项目,而这个项目是他们在某段时间里要处理的项目之中的一个。例如,三号和伴侣会每年安排一次讨论,为他们的婚姻或关系设定精神上、经济上、行动上、社交层面上的目标,或者讨论有什么方法可以使家庭的日常管理更有成效。明确关系中的各种意向是很好的,只要这是在培养精神联盟,而不是在管理商业伙伴关系。

精神上未充分发展的三号几乎都是工作狂,这无可避免地影响到他们的人际关系。他们有很多项目在进行,有很多目标要实现,无法把精力集中在所爱之人身上。正如海伦·帕尔默(Helen Palmer)所说:"三号的心都被工作占据。"所以无论他们有什么感受，都被用来完成目标任务，留给其他人的并没有多少。

三号拥有一心多用这种不可思议的天赋。开车、在通话中达成一笔价值百万美元的交易、吃三明治、听大卫·艾伦的畅销书《完成任务》的有声读物，与伴侣讨论孩子在学校遇到的问题，这些事情他们都能同时兼顾，这真是令人叹为观止。除非你是他们的伴侣、孩子或朋友，不然你会觉得三号不重视你们，他们的抱负比你们更重要。

三号会改变自己的外在形象以便从不同类型的人身上获得认可，因此他们不同类型的朋友圈之间，是彼此独立的。如果他们举办了一个派对，错误地邀请了他们生活中不同领域的所有朋友，这能让他们疯掉，因为没有人能"变脸"变得那么快。

三号看重自由、不苛求的友情。生活就是要把事情做好，三号会远离那些需要时间和精力去维系的、复杂又需求高的友情，因为那会占用他们完成目标任务所需的时间和精力。

三号的防守策略是身份认同。为了保护自己不受伤害，他们会完全沉浸于任务之中，或者将自己等同于头衔和供职机构。因此，三号会誓死捍卫公司声誉，或者自己在办公室里夜以继日地付出努力。

正如理查德·罗尔（Richard Rohr）所观察到的，九型人格中最可悲的类型就是不健康的三号，他的才能不足以支撑他们的野心。我要补充一下,令人心伤的是,你遇到一个处于人生后半段的三号,却发现这个人从来没有活出自我。晚宴上坐你旁边的是一个 70 岁的老头,他不停地说出别人的名字,告诉你他在哪里上的大学,吹嘘他当上合伙人时有多年轻,退休的时候拿到多少钱,这实在令人难受。

工作中的三号

到目前为止应该已经很清楚了,工作中的三号感觉最为自在。与其他类型相比,他们更渴望成就和认可。对大多数成年人来说,这意味着在工作中他们表现得异常出色。对于那些没有外出工作的三号,比如全职父母,他们寻求外部认可的倾向会通过其他方式表现出来,比如,四处比较,看哪些孩子在子宫里就完成如厕训练,哪些孩子刚上小学就被普林斯顿大学提前录取。

三号选择成功而非物质,这在美国是颇受尊崇的。他们是美国理想的化身,聪明、有魅力、雄心勃勃,是属于 A 型人格(译注:这类人格的特征是雄心勃勃,争强好胜)。但是要小心,类型和刻板印象之间只有细微的差别。有人以为所有的三号都像 AMC 电视台剧集《广告狂人》中的唐·德雷珀那样。一个在精神上不成熟的三号,会不会成为执着于获得成功和个人形象的

> 工作比玩乐更有趣!
> ——诺埃尔·科沃德

完美，凭着个人魅力一路攀升到公司食物链的顶端？或者成为在州博览会上为了拉选票而赔笑脸、假装热情的候选人？当然有可能，但这些都是人们普遍持有的刻板印象，就像是针对特定类型人群的公式化讽刺漫画。三号是活生生的人，不是戏剧中的脸谱。和所有人一样，他们是复杂的，千人千面，各有不同。他们并不都是CEO或者名人，也并不都渴望成为这种人。从音乐到传教，各行各业都有他们的身影。任何人都有可能是三号，从大卫·鲍伊（David Bowie，英国摇滚歌手），到多萝西·戴伊（Dorothy Day，天主教工人运动的创始人）。但是他们都相信同一个谎言——"人们爱你其实是爱你的成就"。

正如我的一位教授朋友所说："来听听我们学校的教授在教师会议上的对话吧，他们要么在互相提醒对方自己哪里获得博士学位，要么就一直在说有哪些著名期刊发表了他们的文章，要么就是说他们刚刚收到在著名学术会议上致辞的邀请，要么就是在不择手段地谋取终身职位。"

如果在精神上得到充分发展，这些富有人格魅力、做事卓有成效、充满闯劲的人，会成为有远见卓识的领导者和杰出的建设者，值得我们敬佩。跟所有类型一样，在还未得到充分成长，不知道自己有盲点的时候，他们就像在立交桥上迷路的汽车，怎么也找不到想要的出口。

人们认为三号愿意不惜一切代价获得成功。他们关心头衔，关注谁是下一个晋升的人，谁拿下了单独的办公室。三号能成为卓越的销售人员，他们对自己的能力感到自豪，这种能力就是他们可以按照客户的意愿变成任何一种形象，借此达成销售。

因为地位对三号很重要，所以地位的象征也很重要。成为高净值人士之后，他们会去留意那些传递成功信息的玩意儿，然后把这些玩意儿拿到手。如果他们是投资银行家或者职业运动员，那些玩意儿可能会是游艇、别墅或者特斯拉。如果他们是社会正义的倡导者，他们会穿着破烂不堪的衣服，以表示对穷苦民众的支持，以及团结一致的决心。

三号在情绪感受方面的问题，会在工作上明显地体现出来。他们为目标而活，达成一个，换下一个，又达成了，再换下一个，继续达成。这是他们获得能量的方式，但他们也为此付出了代价。试想一下，三号正在推进工作中的重要项目，这时他们的配偶或朋友打电话来说，三号做了某些事情让他们感到生气或难受。这些三号当下可能也会有所感受，但是处理感受会影响他们在工作上的发挥，导致项目不能如期完成。所以为了集中精力工作，他们会切断自己的感受，好像在说"我先把这些情绪感受暂存'待处理感受'文件夹，完成手上的任务后再回来处理"。

你猜三号会有多少次回过头来处理这些情绪感受？几乎没有。一完成那个项目，他们就已经着手进行下一个项目了。你觉得三号的"待处理感受"文件夹到他们进入中年之后会变成什么样子？即使没有爆，也满得溢出来了。三号不理会自己的感受，这就是为什么别人会觉得他们寡情薄义、难以沟通。三号关心的是生产力、效率、目标和可量化的结果，他们在这些方面的表现比其他人更好，尤其是效率。三号想要尽快完成项目任务，这种对效率的渴望影响着他们的人际关系和决策。

三号很务实，会不惜一切代价完成任务。为了达成目标，他们可能会把走捷径当作权宜之计，有损他们的工作质量。虽然他们不是没有职业道德，但为了保住职位或晋升机会，或者为了达成交易，他们很可能会美化或隐瞒某些事实。还是词曲创作人的时候，我偶尔会和纽约一位成功的发行人有合作，他是典型的三号。一天我问另一位创作人，这位人缘极好的精明发行人算不算直率？他笑着说："道格不是个骗子，但如果有必要的话，他会'雕琢'事实。"

三号有着热情和自信的推销式谈话风格。他们不会口若悬河，宁可少说话。他们喜欢向别人介绍推广自己的想法、任职的公司、销售的产品、拥护的事业以及兴趣爱好。

三号很有魅力，适应力很强，知道别人想从他们那里得到什么，知道该说什么能够鼓舞、激励团队成员。他们在工作中，往往要求员工懂得如何给别人留下深刻印象，或者身体力行地认同公司或老板的价值观，也只有这样才能获得晋升机会。

三号的性格动态迁移

带四号翼的三号（四翼三号）。 带四翼的三号活得相当不容易。四号，我们会在下一章谈及，他们是浪漫主义者，非常注重深入交流和真情实意。他们把丰富的内心生活提升到了一个全新的水平。因为三号是变色龙，而四号重视真实性，所以四翼三号体会到的是极大的困惑感和内心的不和谐。他们摆出取悦大众的形象，但与此同时，他们的四号翼指着他们尖叫："伪君子! 骗子! "与二翼三号相比，四翼三号更内省，更能感知羞愧和其他情绪。他们敏感、有艺术天赋，情绪也更强烈，他们更加小心地"塑造"正确的形象。四翼三号不像二翼三号那样梦想成为明星，但却更加自命不凡。

带二号翼的三号（二翼三号）。 二翼三号迷人而体贴，会成为伟大的艺人、政治家、销售人员和牧师。然而，当他们极度渴望关注和认可，或者感到不被赏识时，就会变得愤怒和充满敌意。他们要成为明星，那愿望比四翼三号来得更甚。

他们努力使自己看起来更有爱心、更慷慨善良，实际上他们也做到了，他们身上已经体现出这些特点。这类型的三号还是强烈地希望别人认可他们的成就，但也愿意帮助别人获得成功。

三号感到有压力的时候，会表现出不健康九号的特征行为。他们会拿着遥控器躺在沙发上，又或者在碌碌无为之中迷失自己。他们似乎疲惫不堪，失去了本性中的乐观和自信，变得自我怀疑。缺乏动力又疲惫不堪的三号可能不再重视锻炼、健康饮食，也不去关注自己的外表。

充满安全感的三号，会转向到六号的积极面，表现得更温暖，更愿意感受自己和他人的情绪。这时的三号，好胜心和防御姿态都会减弱，会把更多的精力投入到家庭和朋友之中。他们不再需要成为明星或者掌控一切，更关心团队的利益。连接到六号积极面的三号，终于能体会到因"我"而被爱的感觉，不再是有成就才能被爱。

如何弥补三号的性格缺陷

1. 每个类型都要学会静默、独处和冥想，但这对三号来说尤为重要，因为你太重视行动和生产力。

2. 找一位精神导师陪你一起走这段找回真实自我的路。这条路一个人不好走。

3. 质疑你对成功的定义，抛开你从家庭、社会文化中继承得来的观念，要从你自己的感受、渴望和价值观出发，重新对成功进行定义。

4. 不要等到出现婚外恋、变成酗酒者或成为家族里最年轻的心脏病患者才想起来要问这个问题："如果没有这些角色，我会是谁？"现在就开始思考。

5.获得物质方面的成功,展现真实的自己,这两者并不互相排斥。由真正的你造就成功,那是再好不过的事。

6.你疯狂地往前奔,要让自己成为第一个跨过终点线的人,为了达到这个目标,你会选择牺牲什么人或什么事?配偶、子女、健康还是友情?列一个清单。

7.给自己放个假,不要带上工作。

8.做公车上的普通人。抑制住想要夺得领导权或者成为焦点的欲望。相反,试着做一个有合作意识的团队成员,帮助别人大放异彩,获得成功。

9.有至少一个朋友,能让你表现出真实的自我,愿意展现脆弱。你有很多朋友,但你得要有爱你、能容忍你的朋友,而不是那些只爱你的成功表象的人。

10.去读理查德·罗尔的书《向上落下:思索人生的两面》(*Falling Upward: A Spirituality for the Two Halves of Life*)和《恒久的钻石:追寻真我》(*Immortal Diamond: The Search for Our True Self*)。

一个生活在美国的三号,就好比是一个住在酒馆里的酒鬼。在我们追求成功、注重形象的文化中,三号比其他类型都更受尊敬和鼓励。他们很难有精神上的追求,这有什么奇怪的吗?他们能持续多年熟练运用角色适应策略,可能要到他们迈入中年,或者经历失败,无法掩盖的时候,才开始在精神上改进自己。

　　精神上的觉醒，开始有自我认知，三号不可避免地会有暴露感和羞愧感。这是绕不过的坎。在这个时候，三号需要一个善良而坚定的朋友，每当他们对自己进行销售包装以满足大众，这个朋友会把他们拉回来，让他们面对真正的自己。事实上，我们都需要一个朋友，在我们挣扎着成为自己的时候，给予我们鼓励。这个过程本就不应该独自面对。

　　三号治愈的信息是"你被爱全因为你是你"。当这个信息触及三号的内心，天使会为此而歌唱。

第8章
"忧郁是悲伤者的幸福"
——浪漫主义者四号

觉得自己是局外人的那种孤独的感觉，如果出现过就永远不会消失。

——蒂姆·伯顿

认识四号

1. 我喜欢非传统的、戏剧性的、精致考究的东西，对平平无奇的东西肯定提不起兴趣。

2. 我从未有过归属感。

3. 我在一天之中会有很多感受，不知道要先关注哪些感受。

4. 有些人认为我很冷漠，实际上那是特别。

5. 我在社交场合通常不太主动，会等别人跟我搭话。

6. 我享受忧郁的情绪，别人来给我打气反而会让我觉得很烦。

7. 我和其他人不一样。

8. 我对批评很敏感，需要一段时间才能想开。

9. 我总会花很多时间来解释自己。

10. 如果别人跟我说我应该怎么做，我总会想要对着干。

11. 有时候我会消失几天，谁也不联系。

12. 悲伤的歌曲、悲伤的故事和悲伤的电影对我都没什么影响，但别人过于快乐的表现会让我头痛。

13. 我觉得自己缺少一些至关重要的东西。

14. 我很难安定下来，因为我一直在寻找理想中的灵魂伴侣。

15. 我很容易感到不自在，在人群中会手足无措。

16. 别人说我绷得太紧，我的情绪会让他们不知所措。

17. 我是艺术家，或者说是极具创造力的人，总会有一个又一个令人赞叹的创意，但难的是把这些创意变为现实。

18. 我总是被误解，这让我很沮丧。

19. 我会把别人拉近自己，但又会因此而紧张，然后又把别人推开。

20. 我很担心被抛弃。

健康的四号情绪波动范围很大，他们控制情绪的方法是，不要把每一种情绪都拿出来谈，或者要对情绪做出什么反应。他们知道不需要有独特之处才能赢得他人无条件的爱。这些四号有自己的生活方式，在很大程度上摆脱了根深蒂固的羞愧感和自卑。他们富有创意，接纳自己的感受，能够构建情感联系，懂得感受美好。

一般的四号每天都在努力接受本来的自己，但这很复杂，因为他们探寻自我的办法是夸大自己的独特性。这种四号会忸怩作态，他们希望被别人需要，但又故作矜持。常常不受控制地陷入忧郁，使得他们和别人之间产生令人痛苦的距离。一般的四号喜怒无常、情绪化、生活困苦且自怨自艾。

不健康的四号会通过扮演受害者的角色，达到操纵别人的目的，以建立或维持人际关系。与别人相比，他们觉得自己有所欠缺，这又让他们更加贬低自己。这种四号对自己感到羞愧难当，甚至自己都不相信自己能变得更好。

☆ ☆ ☆

在我们第一个孩子凯莉快要出生的时候，安妮开始研究婴儿推车。我们大多数的朋友和我们一样，在20多岁的年纪，要么正怀孕，要么像自动售货机那样一个接一个地生孩子，还真不会缺人提建议。

"大家都说应该买葛莱。"安妮在某天吃晚饭的时候说道。

"大家？"我回答，挑起一边眉毛。

别人都在做的事情我也应该去做，这种说法我实在不爱听。每年的迁徙，都会出现成千上万只挪威旅鼠集体自杀的情况，原因就是它们看到身边的同伴都这么做。

"我们就不能有点创意吗？"我问道。

"我们说的是婴儿车，不是舞会礼服。"安妮说，用的是"不要给我这个怀胎八月的孕妇添乱"那种语气。

"知道了。"我回道，迅速结束这个话题。

然而，第二天早上翻阅婴儿用品目录的时候，我碰巧看见一个广告展示了一辆很酷的婴儿车。那当然很贵，而且制造商得从他们的英国工厂发货，寄给我们。但这是我们第一个孩子啊，对吧？我马上下单订了一辆。

"你疯了吗？"听我说完之后安妮就反对，"我们现在开车去西尔斯百货（Sears），花一半的价钱就能买一辆葛莱。"

"我们迎接的是一个女儿，难道你不想给她一辆英式婴儿车吗？"

"英式婴儿车？"安妮嗤之以鼻，难以置信地摇着头，转身走出房间，"'做自己'先生又出现了。"

"等着瞧吧。"我许下诺言，"你会感谢我的。"

离安妮的预产期还有三天，装着我们新婴儿车的箱子被送到我家门前。我热切地打开包装想要欣赏推车，却看到纸箱的一面写着大大的字："需要组装。"

说起手工活，这是我的基因缺陷。事实上，有职业顾问跟我说过，我的空间想象力和手指灵巧度，更接近蛤蜊的水平，而非人类。"你可以创作一些关于工具的歌曲，但就别拿起工具用了。"他建议，"你会伤到别人的。"

我不理会这些警告，深深地吸了一口气。"我能做到。"我反复地说着，把箱子拖进屋里。

进屋后，我把婴儿车的所有零配件都摆在客厅地板上，一手拿着说明书，一手挠着头，审视着脚边不计其数的螺母、螺栓、弹簧、塑料扣件，以及其他杂七杂八的奇怪东西。有那么多零配件，我怀疑我组装的不是婴儿车，而是波音 747 飞机。

在困难面前退缩不是我的风格，我发誓我会在安妮下班回到家之前把婴儿车装好。几个小时后，她看到的是我瘫倒在沙发上，盯着天花板，抱着吉他弹奏着哀伤的挽歌，就像莱昂纳德·科恩（Leonard Cohen）过了糟糕的一天一样。

"这就是我人生的隐喻，"我悲叹道，指着倒在客厅地板上那辆还没装好的婴儿车，裸露在空中的车轴仿佛在向我竖中指，"我没救了。"

安妮笑着坐到我旁边的沙发上，她拍着我的手说："你总是自己折磨自己。"

在我们的婚姻生活中，这可不是安妮最后一次跟我说这些话。毕竟，我是个四号。

四号的人格画像

1. **和你想的一样，四号很容易变得忧郁。**就像《旧约》中的约伯，他们可以泡在悲痛当中。毕竟，如果你生活的背景音乐是旧时 U2 乐队的歌曲《还在找我想要的》（*Still Haven't Found What I'm Looking For*）或电台司令乐队（Radiohead）的歌曲《讨厌鬼》（*Creep*），你很难成为爽朗活泼的人。

但是，不要把忧郁当成抑郁。四号的渴望有种苦乐参半的特质。我 20 多岁的时候，如果你问我，是要去迪士尼乐园游玩，还是要坐在爱尔兰西部的悬崖上俯瞰大海、创作歌曲，我会毫不犹豫地选择爱尔兰。正如《悲惨世界》的作者维克多·雨果写的那样："忧郁是悲伤时的幸福。"

遗憾的是，四号的忧郁状态可能会急速上升为一场闹剧。他们会把和朋友的小吵小闹变为瓦格纳（Wagner）歌剧，和恋人的分手现场可以媲美《日瓦戈医生》的场景。这些戏剧表演般的行为会把人推开，而这些人正是四号最想用真心连接的人。这种情况会出现在九型人格中的每个类型身上，为了满足自己的需求，我们会采取某些策略，但又常常适得其反。

你可能会认为，由于渴望融入环境，获得归属感，四号会努力地变得和其他人一样，以便更好地融入，但这是他们最不想要的。四号的需求是独特性。他们相信，要重新找回或弥补自己失去的部分，最终获得真正的身份，唯一的办法是培养一个独特的形象，一个与众不同的形象。也许做到这样，人们就会爱他们、接受他们，他们就能结束"异类玩具岛"上的流放。

2. **四号有一种与别人不同的需求。** 在一次九型人格辅导中，我对四号的这种需求取得了前所未有的清晰理解，那次辅导的是一对叫罗杰和琳达的恋人。罗杰是一名专业脊椎按摩治疗师，知道自己是一号的时候并不惊讶。琳达觉得她可能是个四号，但是不确定，所以我描述了四号的特征。讲到一半的时候，聚光灯亮了起来。

"等等，还有其他人和我一样吗？"她号啕大哭，好像我跟她说她只能再活六个星期。

"算是吧，但是……"

"那不可能。我一直以为我跟别人不一样。"她说，双手捂着脸，哭到无法控制。

痛苦是四号的第二语言，他们精于此道，几乎可以开班授课。他们总会被悲剧事件所吸引，谈话风格是悲叹的。他们会扮演悲剧浪漫主义者，有时是受自己作品所累的艺术家，还能成功演绎悲伤的故事。我不会滔滔不绝地谈论痛苦或悲伤的话题，但谈起这些话题，不会让我像其他人那样有抑郁的感觉。悲伤的故事会打动我，只要这些故事是真实的，而非只是伤感的故事。这些故事会唤起灰暗的强烈情绪，帮助我往深处探索自我、找寻意义。然而，过了好多年之后，我才发现，不是每个人都跟我有相同的看法。1990年，《剪刀手爱德华》是当时蒂姆·伯顿（Tim Burton）执导的新电影，我认为很适合在第一次约会的时候带女孩子去看。事实证明，不是每个人都这么想。

四号是九型人格中最复杂的类型，你看到的从来都不是你得到的。事物表面之下总能发现更多的层次。在他们的内心，水流得很深："我是谁？我的使命是什么？我的人生故事和宏大的世事有什么联系？"正是类似"在雨天读阿尔贝·加缪的作品"得出的问题，攸关生死存亡的焦虑，占据着四号的思考空间。

你可以想象得到，四号要应付不满情绪。他们总是想要得不到的东西。他们拥有的从来都不是他们真正想要的，他们想要的总是在"外面"那个他们触及不到的地方。要是他们知道他们想要的东西存在于自己的内心就好了。

3. **四号没有感受。**他们本人就是他们的感受，他们的感受构成了他们身份的基础。没有这些感受，他们会成为什么人？然而，四号并不满足于平常普通的感受，他们想要惊喜的感觉。

还比较年轻的时候，我会想要美化或强化我内心产生的每一种情绪。如果感觉良好，我会想进一步地感到欣喜若狂，于是就会播放辛纳特拉（Sinatra）乐队风格的专辑，临时邀请十个朋友共进晚餐。如果我感觉忧郁，想要自省，我会听塞缪尔·巴伯（Samuel Barber）的《弦乐柔板》，或者任何能进一步激发当下情绪的音乐。

四号有爱，有充沛的感情，同时对感情过度认同，因此，他们的心情一直处于不稳定的状态。在不同的感受之间灵巧而迅速地切换，就像是猴子从一根树枝跳到另一根树枝上那样。正如作家汤姆·康登（Tom Condon）所说："四号的问题和情绪状况与青少年并无二致。他们和周围的人有疏离感，有意识地寻找自我，关注自己与别人不同的特质，倾向于将死亡浪漫化，坚信不会有人跟他们有同样的感受，敏锐地感受爱的喜悦和痛苦。"

4. 四号的心情像变幻莫测的天气。从高处跌落，再回到平均值，然后直线下降，再飙升，最后回到基准线，这整个过程只需一眨眼的工夫。事实上，一次经历过这么多感受，也会让四号感到不知所措，到整理这些感受的时候，会不知道从哪一种感受着手。看到问题在哪儿了吗？如果

> 我像草一样孤独。我错过了什么？不管那是什么，我能找回它吗？
> ——西尔维娅·普拉特

四号的身份与他们的感情挂钩，那他们的身份就总是在变化，自我意识也就无法稳定下来。在他们醒悟以前，他们的情绪波动堪比游乐园的魔鬼过山车。

四号有着丰富的想象力，对生活充满幻想，借此反思和想念过往。他们花很多时间充满渴望地回望童年，想着"如果……就好了"或者"如果……会怎么样"。他们不是在幻

想过去，就是在想象未来，想象自己生活在一个完美的地方，拥有一份理想的工作，拥有一帮正确的朋友，终于有一个灵魂伴侣让他们完整。

5. 四号认为生活就是第二十二条军规。他们想要融入这个世界，但又觉得自己有缺陷。因此，他们创造出一个特殊的形象，以弥补自己眼中的缺陷，但那样的表现只会让他们更难以融入环境。以我的朋友唐为例，他是一位出类拔萃的作曲家，也是一个典型的四号。他初中的时候跟着家人从密苏里州搬到了堪萨斯州。虽然只有四个小时车程的距离，但却相当于去了相隔一个星球开外的平行宇宙。唐尝试和新学校受欢迎的孩子交朋友，但是没有成功，之后，他改变了方向。他先是骑一辆黄色的电动自行车去学校，戴着一个红色的头盔，还在头盔顶上粘两个玩具枪吸盘飞镖，看着像一对天线，用弹力绳把他那个黑色新书包绑在车后。某些天，他穿着他父亲的空军飞行服来上课，还戴了科学课用的护目镜。

看到了吗？所有这些古怪的补偿行为，都违背了唐渴望得到社交认可的初衷。虽然吸盘飞镖和飞行服可能并不合你意，但四号的穿衣风格另类是公认的，总是引人注目，而且，他们会表现得那只是随意穿上。但相信我：那是经过精心搭配的。

6. 四号执着地追求真实性，大老远就能嗅到装腔作势的味道。高中的时候，我读了大卫·塞林格的著作《麦田里的守望者》,这对我来说是一个分水岭。主人公霍尔顿·考尔菲德蔑视"伪君子",我对此非常认同,很多四号也告诉我他们有相同的感觉。我们不喜欢平庸、肤浅,还有那些总是毫无保留地乐观的人。我女儿16岁的时候,提醒了我这一点,那时她在餐桌上抱怨说:"我只是想要快乐。"我答道:"你是从哪里学到这种奢侈品味的?"我喜欢快乐,但是鉴于这个世界的现状,谁能期待永远的欢乐呢?而且,那些没有经历过痛苦,总是快乐的人,比灌木更无趣。

7. 四号总会被生活中的另类和前卫所吸引。他们十分关注美的事物和艺术,家里的装饰能很好地反映出他们独到的眼光和创造性,表达出他们的情感和对世界的不同看法。他们的爱好很特别,朋友圈通常很有趣而且多样化。

这些精英阶层的兴趣爱好给人以势利或冷漠的印象。说实话,我们偶尔会认为自己优于那些生活拥挤的普通民众,他们肤浅、没什么品味。或者说,当我们专注于思考生活中更加宏大的问题时,就可以不去干洗衣服、扫落叶这些乏味的琐事。但有时我们站在人群旁边,更多的是一种邀请,希望别人注意到我们,前来和我们建立联系。

四号认为,图像、比喻、故事和符号是极好的表达方式,能很好地表达语言不足以描述的感受和事物。我是住在纳什维尔的圣公会牧师,每周日早上能碰到不少四号。我们非常喜欢做礼拜的教堂,那里的焚香、钟声、雕像、圣人像、圣事、彩色法衣和华丽盛典,满足了我们对神秘和超然之事的欣赏。

更不用提殉道者了，四号很爱殉道者。

四号人格易出现的性格缺陷

四号觉得构成自己的基本元素中缺少一些重要的东西。

他们不知道那是什么，也不知道那是别人从他们身上拿走的，还是自己很久以前就丢了的，只知道哪里都找不到这丢失的东西，并且这都怪他们。结果就变成，他们觉得自己"不一样"，感到羞愧，不知道自己是谁，并感到局促不安。

12 岁的时候，有个自行车修理工跟我说，那摇摇晃晃的车前轮"有毛病"，这个表述我之前从来没有听过，但是我马上意识到，它描述的不仅是自行车，还有我。有毛病。四号就是这样想的。

著名的四号：
艾米·怀恩豪斯、
托马斯·默顿、
文森特·梵高

四号相信，只有自己不幸地拥有这些缺点，所以和别人比较之下（他们总是在比较）他们会很自卑。正如理查德·罗尔所说，四号经常感到"被隐秘的羞愧感支配"。别人享受着的快乐和完整，是四号的每日提醒，让他们时常想起自己的缺失。

电影版《呼啸山庄》有一个场景，生动呈现了四号内心那些被遗弃、失去和分离的感觉。影片的主要人物凯瑟琳和希思克利夫，站在邻居林顿夫妇的家门外，这对富有的夫妇正在家里举办派对。凯瑟琳和希思克利夫把鼻子贴在窗户玻璃上，看着屋里衣着优雅的客人，整晚都在笑着跳舞。他们哀怨的表情分明表达出他们想要参与欢宴的愿望，但他们也就只能这样看着，因为他们是局外人。

就像四号的希思克利夫和凯瑟琳渴望加入生活的盛宴，但因为缺乏本质上的"某些东西"，他们没有受邀请的资格。

嫉妒是四号的困境，这一点都不奇怪。他们羡慕别人的生活常态，羡慕别人快乐、舒适地过日子。谁的生活更有趣，谁的家庭或童年更幸福，谁的工作更好，谁的品位更高，谁的教育程度更高，谁的穿着更有特色，谁的艺术天赋无人能敌，这一切都逃不过四号的法眼。这种嫉妒，加上他们普遍存在的那种"无可救药的缺陷"之感，促使他们展开无止境的追寻，寻找缺失的部分，如果找不到，他们在世上就永远不会有家的感觉。可悲的是，因为总是关注失去了什么，四号忽视了已经存在于他们生命中的东西，亦即他们身上的那些美好的品质。

说明一下以防需要，嫉妒和妒忌是不同的。嫉妒是渴望拥有别人身上的特质，而妒忌是担心自己拥有的东西被抢走。虽然嫉妒才是他们的困境，但四号也有妒忌的经历。对他们来说，妒忌更多是出于对被抛弃的恐惧，表现在对他们所爱的人的占有欲上。

四号的童年和原生家庭

经常听到四号说，在成长过程中感到与众不同，常常被父母、兄弟姐妹和同龄人误解。我的哥哥们都喜欢吵吵闹闹地玩，在操场上偶尔遇上争吵，他们也不会回避；而我体型较小，更加自省。他们踢足球、打闹，而我弹吉他，读 P. G. 沃德豪斯（P. G. Wodehouse）的书。他们上天主教学校，而我应该去上霍格沃茨。从小到大，在家庭聚会上我都觉得自己像个私生子。

四号孩子看上去既平易近人又难以接近。他们觉得自己和其他孩子不一样，所以他们想利用自己的独特之处，为自己留出一个空间。但这恰恰破坏了他们的机会，得到他们真正想要的东西的机会，那就是归属感。

四号一直听到的伤害信息是："你有点不对劲。没有人理解你，你永远不会成为这里的一分子。"大部分时间里，这些孩子都感到孤独和被误解。他们极度希望别人"了解他们"，他们想向别人介绍自己，让别人知道自己的世界观，但他们交流的方式很古怪，让自己变得更难理解。现在让人难以忍受，而未来充满焦虑，所以他们总是想着过去。他们试着想弄明白缺失的那一块是在哪里丢的，如果没有丢失这一块会有什么不同，为什么别人会抛弃他们。如果你看到四号充满渴望地凝视 100 公里以外，还伴随着声声叹息，他们可能在脑子里进行"如果……会怎么样？如果……会怎么样？"那样的想象。随便你怎么形容他们，但是这些小脑袋和小心脏长大之后，就成为像艺术家鲍勃·迪伦、好莱坞女明星梅丽尔·斯特里普、舞蹈指导玛莎·格雷厄姆和瑞典电影导演英格玛·伯格曼那样的四号，所以不要急着对他们说："你为什么不能像其他孩子一样呢？"

亲密关系中的四号

四号戏剧般的生活有一个舞台，这个舞台就是亲密关系。他们是让人难以应付的朋友和伴侣，总是在寻找那个理想的人，能帮助他们消除自己的无价值感，让他们感到完整。这要求太高了。

四号的情绪总是很强烈。他们会掏心掏肺地对待你和他们之间的事情。如果他们情绪高涨，他们希望和你一起玩乐；如果情绪低落，还会带点自私，他们会招呼你过去，听他们讲讲内心的痛苦。

即使是琐碎的事情或是情景，四号都会抓住机会借机展示他们的莎士比亚风格。他们对峰值情感体验的需求非常高，如果没有得到满足，他们可能会在自己与朋友或者伴侣之间挑起戏剧般的冲突。经过几周的沉默之后，你的语音信箱会收到他们尴尬的道歉，形式是他们自己创作的诗词或歌曲。他们戏剧性行为的喜好，为他们赢得了"戏剧皇后"或

"危机之王"的称号。四号的情绪对别人来说，高的时候太高，低的时候太低。这会很累人。

亲密关系中的四号也是个挑战，因为他们儿时有过，或者说认为自己有过被抛弃的经历，他们担心自己会再次被抛弃。海伦·帕尔默把这种焦虑的表现称为"推拉舞"。回想起来，有那么一些时候，尤其是在我和安妮的结婚初期，我会不知不觉地想：我是不是太爱这个女人了。如果我失去了她，或者更糟，如果她离开了我怎么办？我会受不了的。

一旦产生了这种被抛弃的恐惧，我就会下意识地推开安妮，在情感上对她疏远，总是纠结她犯的错误，似有若无地挑剔她，

> 这一切到底意味着什么，我像一个大学生一样不停地问。为什么这会让我想哭？也许是因为我们都是局外人，我们都在以自己不同寻常的方式穿越一片正常的荒野，那种正常只是一个神话。
> ——安妮·莱斯诺埃尔·科沃德

反复思考我们的婚姻中缺失了什么。几个小时或几个星期后我会清醒过来，惊慌失措，心想："哦，不，我太过分了。我非常爱这个女人，我最不想失去的就是她。"所以，我跑回到安妮身边，说一些类似"我非常爱你。你要留在我身边。你会留在我身边吗？"那样的话。

"推拉舞"的另一种变体，体现在四号对自己说："如果我能找到那个对的伴侣、合适的治疗师、合适的教堂或者合适的朋友，那我就会完整了。"一旦找到了这完美的人或事，四号就会把他们拉近，直到足够接近的时候，四号会意识到

不管什么人或事，都无法填补自己灵魂中的空洞，然后就会把他们推开，也许是不再回电话，或者不会闲来无事就出现。但是当那个人开始离四号太远时，四号又开始想念了。

四号最需要的，是那种懂得"分开而不离开"的伴侣和朋友，你必须懂得聆听，但也不需要认同他们。如果你爱那个四号，就不能让自己陷入他们的情感旋涡。你要保持客观的态度，让他们做自己的事情直到结束，但无论你要采取什么行动，除非他们真的疯了，否则不要离开他们。因为如果你这么做了，他们最深的恐惧就实现了，那就是他们有"无可救药的缺点"。亲密关系中的四号，需要对方承认他们的感情，需要他们所爱的人明白忧郁不是抑郁症。关心四号的人可以用一个办法来帮助他们，那就是鼓励他们同时去看事物的积极面和消极面。

和其他类型的人一样，当四号成熟、健康、有自我意识的时候，他们会成为很好的朋友、同事和伴侣。他们工作努力，慷慨大方，有非凡的创意。他们会引导你拥抱你从未敢去触碰的感受，唤醒你去认识世界那美丽和超然物外的本质。有些对你来说是模模糊糊的感觉，但作为艺术家的他们则可以清楚地表达出来。看着梵高的《罗讷河上的星夜》（*Starry Night Over the Rhone*）陷入沉思，听着萨迦·史蒂文斯（Sufjan Stevens）的专辑《卡丽和罗威尔》（*Carrie and Lowell*），或者普林斯（Prince）的《紫雨》（*Purple Rain*），你会感激四号的天赋，他们引领人们进入、走过一些必要的感受领域，如果没有他们，人们可能永远不敢独自涉足这些领域。

痛苦的时候，会很希望有那么一个人，能陪在自己身边，但又不会尝试让自己得到治愈，你会这样吗？出现这种情况的话，就去找四号吧，他们比其他类型的人更有同情心。四号天生懂得尊重和见证别人的痛苦，知道这个时候除了和你紧紧挨在一起，他们什么也做不了，直到你正在经历的痛苦情绪从你身上褪去。所以，如果你的宠物狗将要接受安乐死，而你无法忍受独自前往兽医那里面对，不要打电话给二号，他们会带来一盘砂锅菜和一条新的小狗。而四号会开车送你去兽医那里，在那个临终时刻，站在你身边和你一起抱着宠物狗。除了陪伴，他们不会给你其他东西。没有四号走不出的服丧期。也就是说，四号可以非常有趣，他们对世界的奇怪看法以及自身的讽刺感，会带来惊人的喜剧时刻。

工作中的四号

和你猜想的一样，许多四号对艺术领域的工作十分感兴趣。深受人们喜爱的演员、诗人、小说家、音乐家、舞蹈家、画家和电影制作人之中，四号占了很大的比例。但四号不会只选择与艺术相关的职业，他们的职业选择范围很广，厨师、瑜伽老师、礼拜牧师、网页设计师。因为陪伴别人走过痛苦的旅途并不会让他们不舒服，所以四号能成为很好的心理治疗师、牧师顾问和精神导师。只要工作给他们机会表达自己的创造力、真挚的情感和独特的风格，他们就会淋漓尽致地发挥自己的才能。

但如果是那些普通的例行任务，那还是不要交给四号了，他们会觉得没法从这些工作中获得情感共鸣。对于细节太多的项目，比如写报告或者处理电子表格，四号的应付办法就是拖延。如果你碰到一个四号在当服务员或者开出租车，很有可能这是他们的兼职，为了支持自己的艺术或者其他创作事业。

能让四号感到满足的工作，必须有高于平常的目标，能利用并突显他们的专长，会激发他们丰富的想象力和内心生活，让他们有机会与他人建立情感连接。他们不喜欢标准和规章制度，也不喜欢大量的规则和期望。

如果四号的才能在团队中被埋没，他们的表现就不会很出色。他们想要带来独特的视角，别人能因此而看到并欣赏他们。只要他们清楚地知道你听到并且理解他们的想法，即使没有采纳他们的建议，他们也不一定会怨恨你。他们的确喜怒无常，但如果你安排一些特别的任务给他们，并放手让他们去做，最后的成效常常会超出你的预期。

正如海伦·帕尔默提醒过，在评估四号的表现时，不要对他们说这样的话："你为什么不能写得跟安德鲁一样呢？"这样的话，四号会把接下来的时间都用来嫉妒安德鲁，而不是专注于你想让他们写的东西。

四号领导者根据感受和直觉做决定，这会让数据导向的人崩溃。同时，他们基于个人的威严来领导，这会让下属心存敬畏。他们能把志趣相投的人团结在一起，创造一种合作与竞争的氛围，这种能力是非常宝贵的。他们懂得鼓舞人心，能激发别人的独特之处。

遗憾的是，四号不仅在人际关系中表现得反复无常，在职场中也是如此。他们可能会今天把你看作本月最佳员工，隔天又斜眼盯着你，觉得你像新来的什么都不懂。别担心，他们会回心转意的，这只是心情反复的一个过程。

最后，如果你为四号工作，你的表现要真实，因为他们会无视不可靠或者轻率的人。

四号的性格动态迁移

带三号翼的四号（三翼四号）。四号的一边是表演者（三号），另一边是研究者（五号）。受三号的特性影响，这类四号既要表现得最独特，又要表现得最好。他们的竞争意识很强，比其他四号更注重自我形象，因而更注意调节情绪，一些古怪的习惯也会有所收敛，以便适应社交场合。有了三号的额外能量，他们身上最有可能发生的两种情况是：第一，变得更外向，也就是行事过于浮夸、戏剧化；第二，变得更有效率，把梦想和想法变成现实。这两种倾向都体现了四号渴望别人关注。与五翼四号相比，这类型四号的情绪波动通常会更为频繁。

带五号翼的四号（五翼四号）。 五翼四号更内向，会有非传统的表现。他们非常注重自己的独特表现，但不像三翼四号那么需要观众。他们默默地展现自己的与众不同，通常会有点古怪。他们独处的时间会更多，明白有情绪的时候，并非一定要把情绪说出来或者要有行动回应，可以任其自然流动，这样反而更容易处理。

压力状态下的四号，其行为表现看起来像是不健康的二号。这时，他们会压抑自己的需求，而且对别人过分依赖。他们渴望得到关注，需要朋友和伴侣不断地安慰和肯定他们，妒忌心也会显现出来。

四号有安全感的时候，具有健康的一号的特征。他们不再只是谈论自己的创意，而是自律地倾尽全力去实现自己的创意。他们更多地关注当下发生的事情，注意力更集中，情绪也更平稳。与一号的积极面相连接，四号更有机会成功地建立亲密关系，因为他们知道自己可以有情绪，而且不必为此解释什么或者做些什么。这个状态下的四号是非常成熟的。

如何弥补四号的性格缺陷

1. 注意不要只关注自己，要倾听别人的痛苦经历，明白痛苦的不只有你。

2.如果你觉得自己的情绪变得平淡无奇，注意不要在家人或朋友之中挑起事端或引发危机。这世界不是戏剧舞台，你也不是莎士比亚。

3.跳出自己的思维，看看你爱的那些人，他们身上现在有什么独特之处，表达自己的感激之情，不要总去关注缺了什么东西。

4.在你努力放下一直伴随自己的羞耻感和自卑感时，给自己无条件的支持。永远不要放弃自己！

5.不要沉溺于痛苦之中，找出痛苦的原因，尽己所能去疗愈。

6.注意妒忌心！拿自己和别人比，总会有比不过的时候。

7.不要幻想会存在理想的人际关系、事业或社区邻里，更不要沉浸在对幻想的渴望之中，应该努力达成可以达到的目标。

8.不要只在非凡或不寻常的事物当中寻找美好和意义，在平凡和简单之中你也能找到。

9.如果往事来电，就转到语音信箱，毕竟也没什么新鲜事。

10.不要对自己的感受添油加醋，并沉浸其中。用杰克·科恩菲尔德的话说，"感受是没完没了的"。

终其一生，四号都觉得自己与众不同。他们相信只有表现独特才能重新获得自己渴望的爱，这难道不足为奇吗？他们的身份认同感一直以来都不稳定，他们一个接一个地"试穿"身份，就像试西装那样，希望能找到最合身的。他们不应该对自己生气，因为每个人都会采取不合常理的独特策略，来满足自己的需求。

首先，四号得听清楚：没有漏掉任何东西。这可能很难让他们相信，但我们生来就没有漏掉任何关键部分。四号带着和其他人一样的装备敲开生活的大门，他们也拥有自己的精神国度，所需要的一切都在那里面。

作为感受类型组的一员，四号要获得精神上的健康和活力，就得在感受这个领域下些功夫，必须学会调节和稳定自己的情绪。开始的时候会很困难，对于自己的情绪，四号一定要懂得觉察并放下，而不是放大情绪，或者沉溺其中，甚至冲动地发泄。要做到这一点，四号要培养出处之泰然的心态，这是被严重忽视的一种传统美德。处之泰然是一种能力，不管周围发生什么事情都能保持情绪平稳。记住，情绪就像海面上的波浪。不要依附于情绪，也不要将情绪等同于自己，要依附和认同的，应该是情绪波浪之下的浩瀚大海。我不止一次对自己说，我的感觉并不代表我。

四号不需要因为自己勉强接受了平常中等强度的情绪而担心。有规律的普通情绪不会削弱他们的独特性，而且，一旦他们理顺了自己的情绪，平衡好高潮和低谷，就会发现这能让他们更容易与别人建立并维持关系。通过祈祷、冥想和自我认知，四号对自己独特性的要求会变得平和些。四号所需的重要治愈信息是"我们看到你了，你很好看，不要觉得自己丢脸"。

你有没有见过一个母亲看着自己刚出生的宝宝那种温柔的凝视？四号要记住，请给自己一个如慈母般温柔的凝视。

第9章
"我只想安静地待着"
——思考者五号

我认为我是怎样的我就是怎样的。

——乔治·卡林

认识五号

1. 我自己会照顾自己，我认为别人也能做到。

2. 我不常说出自己的想法，但我心里想的都很尖酸刻薄、愤世嫉俗。

3. 跟其他人待在一起我会觉得很不自在。

4. 我能接受别人问我几个具体的问题，但不喜欢别人问太多。

5. 我需要独处。

6. 如果我想让别人知道我的感受，我会自己说。我希望别人不要问我。

7. 我觉得想法比感受可靠得多。

8. 如果需要去处理思考一些经历，或者厘清对某些事情的感受，这个过程我通常需要好几天。

9. 很多人有浪费的行为。我手上的东西我会好好保存。

10. 我喜欢从旁观察，不愿参与其中。

11. 我相信自己。对一些事情，我会认真思考，然后自己做决定。

12. 我无法理解有些人聚在一起就只是闲聊闲逛。

13. 我是倾听者。

14. 我必须谨慎利用我的时间和精力。

15. 如果长时间和别人待在一起我会很累。

16. 小时候我经常觉得自己被忽视，长大以后，有时我会选择让自己不显眼。

17. 有时我会觉得自己应该慷慨一些，但这对我真的很难。

18. 在团体里，没有掌握信息会让我非常不自在。

19. 我不喜欢大型的社交场合，宁愿只和几个人待在一起。

20. 物质上的丰富不能让我快乐。

健康的五号看事情很长远，能很好地平衡参与和观察，乐于与人交往，能做到真正的中立。这些五号可能会对生活中的几个领域有着深入的了解，也愿意与别人分享自己的研究成果。他们的生活环境富足，会把自己视为整体环境的一部分，而不是将自己与身边的人和事都分隔开来。

一般的五号会有匮乏心态，这让他们对时间、空间和感情都有所保留。比起走出去面对外面的世界，留在家里观察会让他们有更多感受，他们用思考代替感受。这种类型的五号倾向依靠自己而不是信仰，还会仔细估量自己与别人相处的时间。任何让他们感到无能为力的事情都让他们痛苦。

不健康的五号做任何事情都不想依赖别人。他们的性格带有防御性，注重安全、独立和隐私。这类五号深信无论如何都是不够的，思维方式也因此充满批判指责、愤世嫉俗和冷嘲热讽。他们与家庭成员相处，或者处于社交场合时，都会与人疏离。

☆ ☆ ☆

我在神学院认识了比尔，并很快和他成为朋友。他是一名精神病医生，但却放弃蓬勃发展的事业，去攻读神学博士学位。我们都喜欢弗兰纳里·奥康纳（Flannery O'Connor）、威利·纳尔逊（Willie Nelson）和 G.K. 切斯特顿（G.K. Chesterton），经常一起徒步、打壁球，还去飞蝇钓。很幸运，我的妻子也和他的妻子成了很好的朋友，所以每次我和比尔往山里去的时候，她们也会约在一起前往。

那时候，比尔是我遇到过的最聪明的人。他在常春藤盟校主修古典文学，后来以班级第一名的成绩从医学院毕业，然后花了两年时间在瑞士学习荣格的精神分析学。他涉猎甚广：艺术、哲学、古代历史、建筑，知识面比一般的学者更广博，还能读希腊语版的荷马史诗《奥德赛》。

有一次在一家墨西哥餐厅点午餐时，比尔用西班牙语和服务员攀谈起来，谈话内容不是"洗手间在哪儿"这种水平，而是"我听说加西亚·马尔克斯的新小说相当不错，你读了吗"这种级别。比尔对任何晦涩难懂的话题都略知一二。

最后一个学期，在我们的一次谈话中，比尔说他准备出远门，去看望他终身患病的姐姐。当时我就惊呆了。别说是他姐姐生病了，我甚至都不知道他有个姐姐。后面的几天，我一直在思考我们之间的友谊，渐渐意识到，我对比尔的事情知之甚少。我们一起在徒步和钓鱼的这段时间里，我分享了自己过往的、挣扎、欢乐和失望的经历，他只分享了小部分自己的内容。比尔对别人的生活很好奇，是很好的聆听者。每次我问起他自己的生活，他总有办法把谈话重点转回到我身上。

当时我并不熟悉九型人格，并不知道五号的一个典型特征就是对个人信息有所保留。

五号的人格画像

五号有点难以捉摸，但他们身上也有某些可以辨认的特征。

1. 喜欢观察。五号看上去并不合群，有时也的确喜欢独来独往，给人淡漠疏离的感觉，好像是人在心不在，有时还会表现出学者的清高。在某种程度上，这是因为五号喜欢以旁观者的姿态来审视生活，而不是参与其中。从旁观察、汲取知识是他们的第一道防线。当他们观察并了解清楚情况，就会胸有成竹，只要准备充足，即使有什么突如其来的要求，也能不负众望。并非所有的五号都聪慧过人，但确实是善于观察。他们参加聚会时会流连于人群之外观察别人，也会围绕一个社会事件，像人类学家进行研究工作那样，收集、分析人物和异常情况的信息。对于五号来说，这种观察的习惯，并非被动的注意，而是主动的关注，他们收集信息并做好归档，以备日后不时之需。

> 了解让人狂喜。
> ——卡尔·萨根

尽管五号倾向旁观，但他们也有人际交往，尤其喜欢那些同样好学爱问的人，或者和自己有相同小众爱好的人，比如喜欢收藏珍本手稿、欣赏德国歌剧或收集《星际迷航》中的各种装备等。

从旁观察的好处之一，是能在争端中保持客观，像瑞士那样中立。要是我面临人生抉择，但情绪又影响了判断力，我会联系朋友克里斯。作为一个五号，他会有条不紊地梳理客观事实，从多个角度思考问题，然后给我一个有理有据、不偏不倚的建议，并说明建议我这样做的理由，不管这个建议是不是我想听到的，或者是否会对他的生活造成负面影响。由于五号能保持客观中立，他们鲜少反应过度，通常只会泰然处之。如果应用得当，这是一种了不起的能力。（和九号一样，五号能认识到事情的两面性，因为不在意引起冲突，他们会直言不讳。）

2. 掌握知识。知识和信息（甚至是很奇怪的信息）能给五号带来可控感，避免无力感。他们要掌握知识、收集信息，另一个原因是他们不想显得愚昧无知，或因为答不上问题而丢脸。他们一方面不想觉得自己笨拙无能，另一方面又认为自己确实是这样。对他们来说，互联网可真是瑕瑜互见，因为一旦他们跌进了这个无底虫洞，就会变成信息瘾君子，陷入知识收集的迷幻状态。你无法得知他们什么时候会回到现实，也不知道他们会带回来什么新奇有趣的信息。一天下午，我打电话去给我的朋友比尔，就碰上了这种情况。

"我的打印机坏了，我一直在网上找资料，想办法修理它。"他说。

"比尔，你研究这个有多久了？"我叹着气问。

"早上8点开始。"他说道。

我看了看表。"现在是下午5点！你就不考虑把打印机送到店里去修？在哪里买的就送去哪里修呀。"

一阵长长的沉默。

"这是一台老式喷墨机。他们几年前就停止生产零部件了。"他有点难为情。

"你是时薪超过200美元的精神科医生，却花一整天的时间来研究要怎样修理一台送都没人要的打印机？"电话那头一阵沉默。

"是的，但是现在我了解了从古登堡（译注：德国活版印刷发明人）印刷机到现在的印刷技术历史。"他有点得意洋洋。

虽然这个故事很幽默，但五号确实变成信息高速公路的公路杀手。五号最不想与人面对面交流，电脑和互联网则成为他们避免交流的又一种方式。

3. 分隔和隐私。分隔是典型的防御机制，可以抵御五号生活中的不知所措。他们认为自己的内在资源有限，为了寻求可控感，于是将自己的工作、婚姻、爱好、友谊和其他要做的事情分配到不同的区域，这样他们就可以清楚知道每个区域需要他们投入多少精力，并合理分配，还可以一次处理一个区域。但他们很快会发现，生活不会迎合自己的需要，让他们把生活的不同领域分隔开来。五号每个区域里的朋友从来都不会见面，

> 不动脑筋我就没法活。人不就是因为这个而活着吗？
> ——福尔摩斯

也不会知道对方的存在。几年前，我参加了一位五号朋友萨姆的葬礼，教堂里挤满了人，这令我很惊讶。我找不到座位，就站在最后，心里想着是不是来错地方了。除了三四个认识的人，现场其他人我都没见过，但我认识萨姆已经有10年了，经常一起出去玩。

在仪式结束后的招待会上，我了解到一些出席葬礼的人们的情况，有几个人是某个天文俱乐部的成员，萨姆一直是这个俱乐部的活跃成员；有几个他的赛艇队队员；我还跟五个骑行爱好者聊了一下，萨姆周六早上会跟他们一起骑车；还有一些观鸟者，他们是从加利福尼亚半岛飞过来的。

天文学？蓝足鲣鸟？这家伙是谁？

为了保护自己的隐私，五号跟每个区域的朋友都只透露自己的一部分生活，没有任何一个群体能完整地知道他们的整体情况。他们不会告诉你他们参与的每一项活动，也不会把你介绍给不同区域的朋友。一个年轻的五号曾经开玩笑地跟苏珊娜说："我害怕有一天我从昏迷中醒来，我生活各个部分的人都站在我床边。我不知道自己昏迷了多久，他们互相都跟对方说了些什么呢？"

4．**不会被自己的感受影响**。在所有的类型中，五号在情感方面是最疏离的。并不是说他们没有情绪，他们是想要控制突如其来的情绪，因为那会让他们不知所措。对于五号来说，疏离的意思是，他们允许一种情绪出现，然后让它消失；再到下一种情绪出现，然后又让它消失。五号认为自己是理性思考者，而其他人都不理性。尤其是以感觉为中心的类型，比如二号、六号、七号，五号就想不明白，这些类型的人，怎么能把这么多精力浪费在内心冲突上面。

我是四号，可以说我是情绪的"粘蝇贴"。我心里会出现各种情绪，而且这些情绪会逗留很长时间，我应该要收租金才对。还在神学院的时候，如果我被什么事情惹得很生气，就会去找比尔，他会耐心地听我说。但如果我情绪失控，他就会从满脸关切转变为雪鸮般的冷脸，眨着眼、盯着我，好像在说："这什么时候才是个头？"

5. **五号需要时间去处理情绪**。在九型人格的学习会上，人们听到自己的类型描述，情绪会有些激动，因为他们感到终于有人理解他们（或相反，感到尴尬和隐私被暴露）。五号就不会这样。他们接收了所有信息，当时不会有什么情绪，直到他们有几天的独处时间来处理这些信息。对他们来说，生活就像一个知识沙拉吧。他们在吧台前排队，挑选自己想要的，打包好，带回家吃掉，然后下周再用一整周的时间去消化。他们需要很长的独处时间来处理自己的想法和感受。

> 我希望自己能享受当下，不要回过头才在想象中回味。
> ——大卫·福斯特·华莱士

这种反应的延迟会让别人感到困惑。几年前，我和比尔一起去看电影《费城故事》（*Philadelphia*），我当时的反应就是典型的四号。电影结束亮灯的时候，我哭得像个小孩子，几乎要在大厅里接受心理辅导。而比尔则一如既往地像雪鸮那样盯着我。当时我觉得他有点冷酷，但现在我知道他要回家后才能用自己的方式来思考自己的感受。

五号人格易出现的性格缺陷

像比尔那样的五号认为，周遭世界纷纷扰扰，各种资源总是供不应求，让人倍感压力、疲惫不堪。外界总向他们索取，不管他们是否愿意付出。

五号是典型的内向性格且善于分析，认为自己欠缺智谋和内在力量，难以应付生活的方方面面。与他人保持长期关系，或者背负太多的期望，会让他们感到精疲力竭。相比起其他人，对于每一次握手、每一通电话、每一次会议、每一次社交聚会或不期而遇，他们似乎需要花费

著名的五号：
斯蒂芬·霍金、
迪特里希·潘霍华、
比尔·盖茨

更多精力来应付。由于担心自己不够足智多谋，无法游刃有余地开展社会交往，他们宁愿离群索居，退回自己的精神世界，感受在家的从容。他们限制自己与他人相处的时间，一有机会就逃跑似的回到自己的精神国度补充能量。

贪婪，这个并不常用的词，描述了五号的弊病。我们通常理解的贪婪是对财富、物质的渴求，但在九型人格的理论中，指的是五号需要掌控，哪怕拥有的并不多，他们也要握紧、保护好已经拥有的，而不是想要获取更多。出于对资源不足的担忧，五号会降低要求，贮存最起码的必需品，足以在现时和将来维持自给自足的状态。对于五号来说，保留的

不仅是各种资源，还包括时间、精力、空间、个人信息、独处时间以及个人隐私。他们非常注重独立自主，所以他们通过囤积资源来避免陷入依赖他人的境地之中。一想到无法自力更生，他们就会感到恐惧，更别提要和别人分享珍贵的必需品。

一般人会在一段关系中寻求爱、慰藉和支持，而五号则会通过学习来满足这些需求。他们对知识、信息、概念模型、专业知识、趣闻轶事、万物运行等，抱有强烈的求知欲，这也是贪婪的体现。

五号、六号、七号都属于恐惧/思考组（也称为恐惧/脑中心组），三个类型运用自身的独特策略，在这个充满未知的世界中，追求可控感和寻求庇护。对求知的热爱能激发五号的积极性，于他们而言，获取知识和掌握信息不仅是有趣的追求，更是生存的关键。五号坚信，只要把毕生精力用于探究与众不同、充满挑战的事物，就能在感情和精神上免受伤害。物理学家爱因斯坦、脑神经学家兼文学家奥利弗·萨克斯、导演大卫·林奇都是不走寻常路的代表人物，作为各自领域的先驱人物，他们的研究方向极少有同行涉足。要建立自尊心（也可能是要获得优越感），并超然物外，那成为一个细分领域的行家里手，不就是最好的办法吗？

五号是极简主义者。他们不需要，也不会想要太多东西。在他们看来，拥有得越多，就得花费更多的精力去思考、维护、补充。很可惜，保持经济、简单生活的愿望也会影响他们的外表。他们没有时尚品位。

贪婪最终会让五号尝到恶果。从感情上来说，他们囤积了太多的东西。他们过于追求隐私，害怕自我暴露，这都让他们变得孤立。他们相信古老的格言"掌握知识便获得力量"，会选择给自己留下大量知识，只留下少量生活必需品。更糟糕的是，他们吝于付出爱和感情，对最想要支持和关心他们的人，都不会大方付出。

五号的童年和原生家庭

很多我认识的五号都表示，从小到大，父亲或母亲对他们都没有界限感，或者说让他们有被吞没的感觉，而另外一些五号则说，儿时的他们与看护者之间，缺乏深厚的感情，缺少必要的深层次互动。这些敏感又安静的五号孩子，把他们的内心世界视作避难所，为他们挡住专横的父母，或者在那里通过反复思考来解决他们那些被忽略的感受。

独处时，幼年的五号充满好奇心、有想象力，也很放松。许多五号都精通电脑，会如饥似渴地阅读，也喜欢收集东西。我的五号朋友丹，和他六个吵闹的兄弟姐妹一起，在得克萨斯州乡下的一个小房子里长大。为了躲开混乱，他把父亲工具棚里的一半地方改成了避难所。

"我花了很多时间在那个棚子里读《指环王》，拆开东西看内部构成，和朋友们一起涉足计算机编码领域。我的兄弟姐妹们很吵闹，喜欢引人注意，而我则不会要求太多。假设某天吃晚饭的时候，我妈妈正吃着却抬起头来问我'等会儿，你是谁'，那我也不能怪她。"

五号孩子通常都很安静，也很独立。如果不能照顾自己，他们会不舒服，所以他们学会靠自己，不会靠别人。他们靠自己就能得到大多数问题的答案，拥有的信息远比分享出来的要多。

这些孩子对学校有着复杂的感情。他们聪明又喜欢学习，通常成绩很好，但却理解不了学校的社交规则，也很难适应。他们的感觉是，别人想要和他们在一起的时间，要么太长，要么不够。他们喜欢独处，交上一两个朋友就能满足他们。但是他们不善于分享感受，对个人空间的需求也很难让其他孩子理解。

爱思考的他们，有一些很深的恐惧，所以他们看上去比实际上要更严肃。即使是别人要求他们表现出幽默好玩，他们也会觉得自己轻浮，感觉很难为情。在内心深处，他们很温柔，富有同情心，希望自己能更放开地表达自己的爱和感情，但却无法驾驭自己强烈的脆弱感。

幼年的我们都会接收到一些伤害信息。如果你是五号，想表达清楚你所接收到的伤害信息，可能是用不同的表达方式来说明广义上的能力和关系，比如，"对于生活和人际关系的需求，你都没有能力处理。为了生存，你必须变得情感疏离，把自己隐藏起来。"

亲密关系中的五号

　　所有类型之中，五号在亲密关系里最容易被误解。社交活动让他们感到非常吃力，记住这个重点。举个例子，我和安妮有一个五号朋友叫乔治娅，她是家庭教师，辅导有严重学习障碍的孩子。她安静而友善，但她精力有限，只能接受小范围的社交互动，结束后便回家放松休息。参加大型聚会的时候，她和她那外向的七号丈夫会各自驾车，因为她每次都比她丈夫先想要离开。我们每周都有一次小型聚餐，乔治娅总是收拾桌子，躲到厨房去洗碗，而我们其他人则会继续聊天。这就是乔治娅的相处方式，我们已经明白了，不再坚持让她留下来闲聊。乔治娅并非冷漠之人，但和她交流很有挑战性。她和所有五号一样，谈话风格是演讲或者说教式。你问她有什么感受，她会跟你说她有什么想法。五号的边界之墙又高又厚，这就好比在一条三车道的高速公路上，你和乔治娅分别位于两旁的车道，你必须冲着中间车道的车流大喊大叫，才能和她沟通得上。

　　五号不愿被拖进你的情绪当中，对他们来说，这是和别人相处的过程中另一种类型的挑战。他们并非冷酷无情，相反，他们听你诉说，会给你以支持，但是他们不想被迫认为自己要对这些感受负责。他们对自己的感受负责，也希望你对你自己的感受负责。

五号必须要独立自主。如果你和他们建立关系,你得明白这不是一种偏好,而是一种需要。在某个星期六的早晨,你醒来后可能会发现,你的五号伴侣带着狗去了某个地方,而且没有留言告诉你他们去了哪里,或者打算什么时候回来。他们在几个小时候之后现身,你还得问他们去了哪里,否则他们可能会想不起来要告诉你。

五号身边的人必须明白并尊重他们对隐私和独处的需要。五号通常会在家里留有一个地方,他们能待在那里放松休息。我有一个五号朋友是音响爱好者,他在他家地下室里建了一个房间,在那里读书、抽雪茄、听自己收藏的约翰·科特兰的唱片。他妻子把这房间称为"隐居之所"。对于预算不足的五号,他们休整的地方可能是一张隐匿在角落里的皮椅,也可能是地下室里简单的工作台。他们的特殊空间通常散落着书籍、报纸、很多期国家地理杂志,还有旅行带回的古玩。这是他们的空间,也是他们的烂摊子,如果你擅自闯入又没有正当理由,五号是会不高兴的。

对隐私的高度重视让五号对自己的事情守口如瓶。尽管愿意参与聚会,但他们很少主动发出邀请,所以,当我的五号朋友亚当临时打电话约我吃晚饭的时候,我感到很惊讶。

我向他解释:"其他任何时间都行,我非常乐意一起吃饭,但今晚是安妮的生日,我和孩子们要带她去南 12 街那间她喜欢的意大利餐厅吃饭,给她一个惊喜。"

"行。"他说,"下次再约。"然后就挂了电话。

后来我想，如果我俩换过来，情况会怎样呢？如果我打电话问亚当要不要和我一起吃饭，但是这和他的安排有冲突，他会怎么说？

他会说："不行。"就完了。他不会告诉我他为什么不能去，不去的话要去哪里，去做什么，跟谁在一起。那是隐私。他只把我需要的信息告诉我，仅此而已。相比之下，我跟他讲了属于我"内部消息"的家庭计划，甚至告诉他餐厅地址。五号可能没有意识到，分享自己生活的琐碎细节，相当于打开一扇门，引导对方敞开心扉，谈论他们生活中发生的事情。亚当可能会问："孩子们还好吗？安妮还喜欢她的工作吗？我吃了那家餐馆的鱿鱼就食物中毒了，不要点这道菜。"这听起来可能很平常，但是分享我们的日常生活，哪怕是很小的事情，都会滋养我们的关系。每个人对五号都所知有限，他们的朋友甚至伴侣都会想："我真的了解这个人吗？我还能了解这个人吗？"关系像花儿一样，在黑暗中无法成长，但互相袒露心迹所带来的明亮能让它们盛开。

五号的伴侣会跟我和苏珊娜说，他们觉得自己在感情上被忽视。一位五号的丈夫曾经告诉我："我和妻子结婚30年了，我们深爱着彼此，但是她非常独立，精神上也不依赖别人，我知道她能很好地适应没有我的生活，但相反的，我就不会适应得那么好。我很需要她，她却没那么需要我，当然也可能是需要的方式不一样，我用了很长时间来接受这个现实。"

五号喜欢和别人相处，这也是他们的需要，但是别问他们要不要"一起去闲逛"。五号需要一个聚在一起的理由，比如参加生日派对、看电影，或者一起去看古董车展，也可以是他们还不了解的主题。但如果安排只是"闲逛"，他们宁愿自己去逛。

为了进一步理解五号，我们用汽车来做类比。想象一下，你有一个油箱，里面储存着你一天内与人交往所需的燃料。五号的油箱比其他类型的都要小，一天下来，他们看燃料会越来越频繁。看着燃料越来越少，他们觉得自己需要回家了。

与五号交往也有想不到的好处。他们的情感并不贫乏，不会对他们所爱的人有过高的期望，即使身边的人都崩溃时，他们通常也能保持冷静。你可以跟他们说你最黑暗的秘密，相信他们会守口如瓶。就像牧师一样，对于你告诉他们的一切，他们都会遵循"告解室保密原则"。有部分原因使他们知道，如果换成是他们，这样的秘密对他们来说非常重要。

五号不常表达爱，但这不代表他们不爱你。我一年中有60天时间在静修所和会议上演讲，比尔每年会浏览一两次我的网站，查看我的日程安排，看能不能在我演讲的地方和我见面，即使需要乘飞机他也会过来，而且他以前已经听过我的演讲。你们看，这就是爱。

爱是危险的，会产生很多需求。一段关系要得到良好的发展，双方就要坦诚分享，而分享的不仅是想法，还有感受，但这对于五号来说很有挑战性。他们还得分享自己的空间，减少独处时间，牺牲个人隐私，应对另一方的强烈情绪。要做到这些，他们就必须在很大程度上放弃自己的安全感、独立和隐私，而正是这些东西支撑他们从童年走到现在。五号在学习识别和表达自己感受的时候，伴侣和朋友表现出的耐性会对他们很有帮助。为了和另一个人并肩同行，冒险与对方交换秘密、相互承诺，这对五

> 在好的婚姻里，双方都是对方独处状态时的守护者，这也是对对方最大程度的信任。
> ——莱纳·玛利亚·里尔克

号来说可不是件小事。如果五号选择和你一起踏上这段旅程，那就值得大肆庆祝了。很有可能你比你想象的更特别。

工作中的五号

　　他们冷静清晰、开拓进取、善于分析的头脑在专业领域十分受用。微软创始人比尔·盖茨、小说家让-保罗·萨特、物理学家斯蒂芬·霍金、灵长类动物学家珍·古道尔，像他们那样的五号，会出现在世界上最伟大的创新者和思想家的名单上面。

　　并不是说所有的五号都是工业巨头或诺贝尔奖获得者，他们也可能是工程师、科研人员、图书管理员、教授、计算机程序员或心理学家。他们能在危机中保持冷静，会是优秀

的急诊室医生和急救人员。他们精于观察，能成为杰出的艺术家。有为数不多的五号，如作家琼·狄迪恩、画家乔治亚·奥基夫、电台司令乐队主唱汤姆·约克、演员安东尼·霍普金斯等，他们的艺术视野在这个世上留下了印记。

不管他们做的是什么，或者他们有多成功，在工作中五号最需要的是可预见性。如果每天都知道别人对自己有什么要求，就能合理地分配自己的内在资源，也就不会身心疲惫地回家。

正因为这样，五号不喜欢开会。如果别无选择必须参加，他们要明确知道起始时间、与会人员和会议议程。会议结束时，五号总会急于离开。所以，如果主讲人问还有没有人要问问题，然后有人举起手，五号就双手捂脸，自言自语地说："给我一把开信刀，这瞬间就能结束。"

如果五号处在领导的位置，可能过分专注于一个项目，对其他人缺少支持和关注。为了保护隐私和自己的内在资源，他们在自己和他人之间筑起防线。如果他们有一间代表着声望地位的、有落地玻璃墙的单独的办公室，他们会很乐意把这间办公室让给一位注重形象的三号同事，自己再另外找一处别人很难找到的位置，比如地下室，因为他们不喜欢在工作时被打扰。如果在公司的职位很高，他们会安排行政助理和实习生代替自己出面处理事务，减少面谈次数。

五号更愿意面对一个具体的项目，有明确的完成期限，可以自由选择工作方式和地点。传统意义上激励先进的方式，都不适用于五号。他们不是典型的物质主义者，也不会像三号那样千方百计地要取得晋升或加薪。如果想认可并奖励他们出色的工作，那就给他们更多的自主权。即使是在一个团队里工作，他们也渴望独立。集体决策会让他们不耐烦，因为他们不喜欢长时间的讨论，也不喜欢听别人漫无边际地发表意见。

只要有时间准备，五号也能胜任需要做报告或发言的职位。他们不喜欢毫无准备就上场，也不喜欢临场发挥。如果有明确的要求，并且信息充足，他们就会表现得很好。

五号的性格动态迁移

五号被夹在热情又用心的四号和忠诚却焦虑的六号之间，会受到两者或者两者之一的影响。

带四号翼的五号（四翼五号）。 这种五号比六翼五号更有创造力，更敏感、有同情心，更专注于自我。他们很独立，有点古怪，不懂处理自己的感情，宁愿独自面对，也不愿跟别人一起。我说的是像演员罗伯特·德·尼罗、摄影师安妮·莱博维茨、物理学家阿尔伯特·爱因斯坦这种人物，不是那些坏家伙。

四翼五号更忧郁。深度连接四号的能量和情感，五号对自己更温柔，在感情上也减少了对别人的防备。健康的四翼五号能向自己爱的人表达感受。

带六号翼的五号（六翼五号）。 与四翼五号相比，恐惧在六翼五号的生活中起到更突出的作用，让他们更焦虑、谨慎、多疑。但他们的社交能力比四翼五号更好，也更忠诚。六翼五号活在自己的头脑中，会质疑权威和现状。

六翼五号更愿意建立人际关系。受六号的影响，这种五号更了解自己的恐惧，在不同的群体之中，都会和别人团结起来。虽然社交技巧略显笨拙，对人仍然疑心重，但结识他人不再让他们不安，反而让他们舒适自在。

在压力之下，五号会转换到七号不健康的一面，囤积行为以及对物质的执着会更严重，这只会让他们的世界变得越来越小。这个时候，他们会转移注意力，不再关注别人的需求，几乎是只关注自己的安全和自立。这时的五号变得轻率、没有条理、心烦意乱，达到无法完成任务的程度。他们活在自己的精神世界里，但却不再思考行为的后果，变得无礼、清高和疏离。

感到安全的时候，五号会走向八号的积极面，这可是极大的进步！这时的五号会发生极大的转变，更积极主动，更坦率，也愿意亲自现身。由于变化太惊人，人们不禁会问："霍莉怎么了？她忽然间变得精力充沛、自信又健谈。"那些靠近八号较高位置的五号，就能做到这一点，他们会去了解和体验丰富的生活，又不会因此而付出超过自己承受能力的代价。

如何弥补五号的性格缺陷

1. 允许你的感觉自然而然地产生，在产生的当下就用心体会，然后再让它们自己消失。

2. 你要意识到，当你对感情、隐私、知识、时间、爱情、金钱、物质或想法都有所保留的时候，你就被匮乏心态控制住了。

3. 如果发生的事情唤起了人们的情绪，当下就试着一起体会这些情绪，不要留着以后处理。

4. 尝试更多地和别人分享自己的生活，相信他们不会滥用这些信息。

5. 走出你的舒适区，和别人分享多些信息，关于你自己的以及你拥有的。

6. 记住，你不必知道所有问题的答案。这不会让你看起来很傻，只说明你是个普通人。

7. 打电话给朋友，主动提出一起出去玩，不需要任何理由，仅仅是为了享受彼此的陪伴。

8. 让自己享受物质上和体验上的奢侈。买张新床垫！去旅行！

9. 练习瑜伽或者开展其他能让你身心合一的活动。解决身体和大脑之间脱节这个问题，你将迎来人生的转变。

10. 即使对自己没有信心也要加入谈话，别退缩。

对于精神层面的学习思考，五号比我们都更有优势。他们不会紧紧守住自我，喜爱独处自然让他们善于深入思考。简单最能吸引他们，世俗的东西也不能让他们牵挂，这些东西要被拿走时他们也就容易放手。其他正在经历心智蜕变的类型，往往会羡慕五号内在的平静和淡漠。

但如果过于淡漠，那就不再是一种美德了。因为那有可能导致感情疏离，目的是防止伤害和损耗，让他们变成冷漠抽离、无法与人建立关系的旁观者，不再参与生活。但这不是淡漠。"淡漠的最终目标是参与。"作家大卫·本纳（David Benner）写道，"抽离能让我们重新安排自己牵挂的事物，注入到最深处的自我之中，爱让我们去碰触和治愈世人。"要在精神层面达到成熟，五号就要学习这种类型的抽离，这样就能更多地参与世事。

五号要多练习如何及时处理自己的情绪。你不可能在星期一庆祝圣诞节，但是到星期五才去感受节日气氛！如果到目前为止这一章的内容让五号感到痛苦，我会鼓励他们现在就感受这种痛苦，不要等到下个月。先感受情绪，再让情绪自己消失，一旦五号掌握了这种方式，他们就可以把这种方式教给别人，因为很多人都被困在自己的情绪之中。

如果五号想要摆脱固化的模式，就要认识到，恐惧常常驱使他们去做事。和六号、七号一样，五号的困境是恐惧，他们的动力是对安全的渴望。他们意识到自己的资源有限，想知道信息、感情、精力、隐私、金钱等所有东西，放弃多少是在他们的可承受范围之内，又应该为自己保存多少。

如果在精神上富足，他们的生活会有多大的不同？这种心态的主张是，我们付出的同时就已经有收获。这就是福音中的代数关系。如果五号相信生活中资源充足，他们会付出更多吗？

在某种程度上，五号也必须适应依赖，至少是相互依赖。五号积极地让自己的生活达到自给自足，这样就不必依赖任何人。但是，允许别人照顾自己，其实也是一种谦逊。五号建立起很多界限，这样他们就无须依赖任何人，但同时他们也很大程度上承受了损失，因为照顾他们能让爱他们的人快乐，而那些界限则剥夺了这些快乐。

第10章
"信念和信任同样重要"——忠诚者六号

只要做好了最坏的打算，那不妨期待最好的结果。

——斯蒂芬·金

认识六号

1. 我总是把事情想到最坏的情况，并做好相应准备。

2. 我通常不相信有权势的人。

3. 别人说我为人忠诚、会体谅人、幽默有趣、有同情心。

4. 我大多数朋友都没有我那么焦虑。

5. 我能快速应对危机，但事后会崩溃。

6. 和伴侣相处得很好的时候，我会想知道，有什么东西会破坏这种状况。

7. 要我肯定自己做出了正确的决定，这几乎是不可能的。

8. 我知道我很多人生抉择都被恐惧支配了。

9. 我不喜欢让自己处于无法预见情况的境地。

10. 我很难不去想自己担心的事情。

11. 我通常不喜欢走极端。

12. 我有很多事情要做，要我完成任务会很困难。

13. 和跟自己相似的人待在一起让我感到最舒服。

14. 别人说我有时过于消极。

15. 我做事着手很慢，开始了之后又会一直想着会出什么问题。

16. 我不信任那些过于恭维我的人。

17. 让事情保持某种规则会对我有帮助。

18. 我很乐意听到别人说我工作做得很好，但如果老板要增加我的职责，我会非常紧张。

19. 我要认识一个人很久之后，才会有真正的信任。

20. 对新的、未知的事物，我会持怀疑的态度。

健康的六号懂得相信自己的人生经历。他们明白，在大多数情况下，确定性和预测的准确性是强求不来的。他们会进行创造性的思考，有很好的逻辑思维能力，想事情和做事情都会从集体公共利益出发。健康的六号忠诚、正直、可靠，有一双识人的慧眼。这些六号相信所有事情最后都会变好。

一般的六号几乎对所有事情都会提出质疑。他们努力控制自己不要去想太多，摆脱总是做最坏打算的习惯。他们过度关注权威，既顺从又反叛。他们认为，在这个不安全的世界上，要么战斗，要么逃跑。这些六号在处理自身焦虑情绪

的同时，仍然会投身于教育、教会服务、政府服务、家庭和社会服务机构，

不健康的六号觉得危险无处不在。他们的焦虑近乎偏执，因为他们害怕遭受不公，担心别人表里不一，不愿意相信他人。因为他们也无法相信自己，所以就指望权威人士和专家来替自己做决定。这类六号会在别人身上挑毛病，容易陷入投射这种心理机制。

☆ ☆ ☆

1999 年，乔舒亚·皮文（Joshua Piven）和戴维·博根尼奇（David Borgenicht）发表了《绝境求生手册》。这本书宣称是"危机时代的必备品"，教读者如何应对异常的极端情况，指导内容读来很幽默，但都来源于现实环境。这本书既可怕又有趣，各个章节简明扼要，内容包括气管切开手术、炸弹识别、飞机着陆操作、降落伞失灵的处理办法，还有如何应对一头冲过来的公牛，如何从建筑物中跳进垃圾箱，如何摆脱杀人蜂，等等。

《绝境求生手册》这本书出版时，有人送了一本给我。我耸了耸肩，说："嗯。"

这本书最终卖了一千万册。

两位富得流油、心怀感激的作家，应该写信感谢那些推动完成本书巨大销量的人，那应该感谢什么人呢？建议从九

型人格六号开始，他们的采购可能占到销售额的一半。

在六号眼中，这个世界充满危险，灾难随时会发生。表象具有迷惑性。人人都居心叵测。他们时刻警惕着潜在的威胁，还在脑海里预演自己要怎样面对最坏的情况。对于六号来说，想象有可能发生的灾难，并相应做好准备，是他们的一种应对办法，让他们在这个变幻莫测的世界中获得安全感、控制感和确定性。考虑到六号总是不停地问"如果……怎么办？"或者"当……的时候我该怎么办？"面对这本简介为"如何在急转直下的境况中求生的指南"，很难想象他们不会买两本，第一本是用来读的，第二本是备用的，以防有人偷了第一本书。

对生活了解得越多，对人了解得越多，我就越是喜爱和欣赏六号。被称为忠诚者的六号，是九型人格中最忠诚、最可靠的人。（六号有时也被称为魔鬼代言人、质问者、怀疑论者、骑兵或者守护者。）他们密切关注我们、捍卫我们的价值。他们是让世界团结的黏合剂。许多教授九型人格的老师认为，这些可靠、热情、风趣、有自我牺牲精神的人，占世界人口的一半以上。在我们生活的城镇中，这些信念坚定、机敏警惕的市民无处不在，将会带给我们积极的影响。

六号的人格画像

1. 六号极需要安全感和一致性，推崇秩序、计划和规则。他们喜欢明确的准则和指引所带来的舒适感和预见性。跟一号一样，他们会拨打宜家的 1-800 电话，多订购一个新餐桌的螺钉，但这并非出于餐桌不完美的原因，而是因为他们会想象餐桌在节日聚餐的时候塌掉，爷爷的腿被压断，还被滚热的肉汁烫成三级烧伤，救护车过来迅速把他带到医院，等等，往复循环。

2. 六号重视团体和亲人。六号是九型人格中最忠诚的类型。他们是团队的忠实成员，一旦投身于一个团体，就会压下赌注，不会因为小小分歧而分道扬镳。通常，他们一开始会对人持谨慎和怀疑的态度，不过，一旦赢得了他们的信任，就会得到他们一辈子的支持。六号想要和他们所爱的人保持联系。这些是每天打电话来"查岗"的母亲，想知道你在做什么，是否安全。六号有一种能把人们联结在一起的非凡能力。对他们来说，家人、家庭、养育负责任的孩子、婚姻是非常重要的。他们会根据自己的价值观做出选择，部分原因是他们对安全感有强烈的需求。

3. 六号的脑子里充满了怀疑和疑问。要做决定的时候，他们会变成《星球大战》里总是紧张兮兮的礼仪机器人 C-3PO 那样："我们要完蛋了！"六号有分析瘫痪症，会向朋友、同事、家人和专家寻求建议，因为他们不信任自己的思考。他们下定决心，然后又改变主意，在不同的方式方法之间拉扯不断。他们总是含糊其辞、模棱两可，总是在赞成、反对和也许之间摇摆不定，能把自己和别人都逼疯。

4. 六号有部分问题在于，**他们对每件事都用两分法来看**。如果正在阅读这本书的你是个六号，你可能会想："没错，我明白你的意思，但是另一方面……"或者"听起来伊恩和苏珊娜在这方面好像有很多思考，但也总有很多可能……"发现其他人并不像自己那样担惊受怕，他们会很惊讶，但还是会马上认同自己与自我怀疑和猜测的斗争。面对抉择的时候，他们会像被车头大灯吓呆的小鹿一样，无法判断该往哪个方向走。

有两种六号，他们对恐惧、对安全感的需求，和对

> 我并不害怕，我只是紧张。
> ——莱约翰·艾文

权威的关系有着不同的处理方式。一种六号非常忠诚，全神贯注地对待权威，因为他们认为这才是安全所在。这些六号总是忠于权威，想方设法取悦权威，并遵守规则。他们对老板毕恭毕敬，竭尽全力让老板满意，因为他们认为权威能带给他们安全感。我们将这一种六号称为"恐惧症六号"。

另一种六号也关注权威，但是他们跟招人喜欢、依顺服从完全不沾边，反而对权威人士保持警惕。他们会密切关注那些掌权的人，以防他们有心蒙骗别人或耍诡计。这一种六号被称为"反恐惧症六号"，只要感到事情不妙就会罢工。他们寻求安全感的方式，不是避免或者平息已知的威胁，而是故意挑明和攻击它。他们的安全感来自于征服恐惧的根源，而不是屈从。

5. 事实上，**大多数六号混合了恐惧症与反恐惧症的特**

征。这反映出他们摇摆不定、疑心重重的性格特质。恐惧症六号后退、逃跑，而反恐惧症六号则会尝试征服或战胜恐惧。大多数六号会在这两极之间来回往复。借用丘吉尔的一句话，他们"要么顺服在你脚下，要么进攻扼住你的咽喉"。无论是恐惧症六号还是反恐惧症六号，他们的底线都是恐惧，关注焦点是权威。

六号人格易出现的性格缺陷

接下来的内容挺好猜的，对吧？六号为人极好，但是也要注意防范自己的灰暗面。六号的困境是恐惧，对安全感有着深切的需求。

虽说六号倾向产生恐惧，这也是他们的困境，但他们实际经历的却是焦虑。恐惧在你直面当下的危险时就会产生，例如，有人戴着曲棍球守门员面罩，踢开你的家门，高举着一把电锯，追着你满屋子跑。相比之下，焦虑看不见、摸不到，但又无处不在，如影随形。如果你"想象"有人戴着曲棍球守门员面罩拿着电锯追着你满屋子跑，就会有这种忧虑感。恐惧的表达是："大事不好啦！"而焦虑的表达一般带着预期："如果这件事或那件事发生了怎么办？如果……如果……如果……"这简直是一种噩梦。

生活一帆风顺时，六号会感到更加焦虑，他们想的是会不会发生什么事情让生活毁于一旦。今天看似稳定的人际关系或工作，明天就可能会消失或被夺走。用斯蒂芬·赖特的话来说，"如果一切进展顺利，那就显然是你忽略了某些东西"。

我的童年时期出现过很多焦虑的六号。

我一年级的老师，玛丽·伊丽莎白修女肯定是个六号。我们每天都会有至少一次课间休息，这时她会随意地问我们一些黑暗的问题，比如："孩子们，如果有人拿枪指着你的头，强迫你在背弃信仰和死亡之间做出选择，你会怎么做？"如果你今天问一个 7 岁的孩子这样的问题，一定会有人打电话到儿童保护服务中心举报你。

我遇到的人之中，会思考这种问题的，玛丽·伊丽莎白修女不是唯一的一个。有一个照顾我和我的兄弟姐妹的保姆，似乎患有创伤前应激障碍。她因为总担心我们会有什么不测，把自己累得筋疲力尽。"不要拿着剪刀跑，会刺伤妹妹的。""不要吃罐身有凹痕的罐头食品，那里面的沙门氏菌会毒死人的。""电闪雷鸣的时候洗澡是会触电的。""如果站得离微波炉太近，你会变得像你表弟马蒂那样。"为了防止被劫车，如果开车经过镇上"不太平"的地段，她会要求我们关上车窗，锁上车门。我成长的地方是康涅狄格州的格林尼治镇，对于那里的人来说，"没品位"才是要担心的罪恶，而不是劫车。

撇开这中间好笑的部分，六号对恐惧这个困境的感觉是非常真实的，也有深刻的含意。

现在的状况对六号来说是很困难的，连空气都弥漫着焦虑。35 亿（误差正负几个亿）地球居民很容易受到恐惧的影响，对安全感和确定性有着深切的需求，对于这一信息，很遗憾，知情人士并不止我和你，还有政客、有线新闻主播、营销专家、专横的传教士和其他无原则的骗子。为了赢得选票、提高收视率、筹集资金和出售家用安保系统，这些煽动者、权威人士、广告从业者贩卖恐慌，故意使用经过深入研究的恐吓策略来欺骗人们，尤其是像六号那样的人。我们都要学习防止恐惧占据自己生活的方法，但六号更加需要。历史证明，一群焦虑的人出于恐惧和安全感的缺失而做出决定，就会有坏事发生。

> **著名的六号：**
> 艾伦·德杰尼勒斯、乔恩·斯图尔特、佛罗多·巴金斯

六号的童年和原生家庭

孩子们很早就学会了担心。诸如"饭后 30 分钟内不要游泳，否则会因为抽筋而溺水"或"永远不要和陌生人说话"之类的信息，像是尼龙粘扣那样粘在六号身上。但我在成长过程中听到各种古怪的警告，就很少会有"粘"住我的。这些孩子，当他们发现这个世界不安全，掌管一切的成年人并不总是靠得住，他们的反应就是服从或者反抗。无论他们走到哪里，他们都知道这个地方是谁做主，并且对这些

人会多加留意。

这些孩子会有节制地参与生活的各个方面。如果打算从7米高的岩脊上跳进湖里，他们会先等一两个孩子跳了看看，然后自己才考虑要不要跳。他们犹豫不决是因为不相信身边的环境，这又导致他们很难相信自己。缺乏自信的孩子通常很难接收到别人的鼓励，正是这些鼓励信息能让他们更有安全感，帮助他们在更深的层次上信任自己，但他们却错过了这些信息。

老师和教练都喜欢六号孩子，他们会认真听讲、服从命令。他们的忠诚让他们能够把朋友团结在一起。只有少数六号渴望成为焦点，但他们确实想加入合唱团。他们喜欢成为团队中的一员，所以团队运动和校园活动对他们非常有利。可预见的日常生活让他们感到舒适，他们长大后就成为各种群体的黏合剂，而我们其他人都需要靠这些群体来厘清自己的生活。

许多（并非全部）六号孩子认为自己的成长环境并不稳定。他们不信任自己所处的环境，于是也会怀疑自己，在别人身上找勇气和建议。假设他们的成长环境中有一个酒鬼，他们就会学到永远不能放松警惕，为最坏情况做好准备，以免自己措手不及。

我朋友兰斯的父亲经常大发雷霆。每天晚上，他和哥哥都会从卧室的窗户向外看，看父亲从车里出来，从关车门的力度判断父亲的心情。和兰斯一样，六号孩子能找到关于危险和威胁的细微线索,为了保证自己的安全,预测是否会受到伤害。

如果六号在精神上获得健康发展,有充分的自我认知,会成为极好的朋友或伴侣。他们极为忠诚,说出了"直到死亡将我们分开"就会落实到行动上。忠诚者机智而迷人,可以利用自己的焦虑让自己变得有趣。像拉里·大卫那样的六号,会将自己被夸大的焦虑、不安全感以及最坏的打算作为自嘲故事的素材,让他们的朋友们笑上好几天。

亲密关系中的六号

六号透过带有恐惧色彩的镜片看世界,这样的方式会严重破坏他们的亲密关系。他们不容易相处,尤其是在关系建立初期。需要安全感和确定性的人会保持警惕,试图猜测你在想什么。由于害怕自己盲目投入情感,受到伤害,他们会密切关注是否有线索提示自己会遭遇背叛或抛弃。六号会对你展开问题攻势,比如:"我们之间没问题吧?"或者"如果有一天你醒来发现你不爱我了怎么办?"他们一会儿推开你,一会儿又紧紧抓住你。而且,因为六号自己疑心重,他们就认为你也疑心重,又会导致他们质疑你。他们追求的目标是拥有更多承诺和安全感,但这并没有帮他们达到目标,反而会因为这样的抱怨把所爱的人赶得更远。

提醒六号记得你对他们许下的承诺,这对深陷猜疑之苦的他们会很有用处。他们担心这段关系不会有结果，除非你想让他们的这种焦虑变本加厉，否则，不要责骂、忽视或取笑他们对你们之间的关系所产生的疑虑。冷静、通情达理的态度是关键。

即使六号开始信任你和他们的关系，在这个变幻无常的危险世界上，他们还有很多事情要去应付。那些总是为想象中的灾难做准备的人，有时候很难相处。要是他们能不往坏处想，放松一下就好了，对吧？如果六号开始陷入最坏情况的思考，让他们一步一步地向你展示他们看到的一连串负面事件。每一步都停下来说："你是对的，这听起来很糟。接着会发生什么，有谁会来帮你吗？"过了一会儿，会有两种可能出现的情况，要么是他们噩梦般的情节急速变为毫无根据的荒谬之事，让他们自己都大笑起来，要么他们会开始认识到（通常在你的指导下），尽管可怕的未来之事让他们胆战心惊，但即使这些事真的发生了，他们也会有内外资源来从容应对。记住：要去控制最坏情况的想法，而不是不理它。如果你说他们是悲观主义者，他们会反驳说自己是现实主义者。

> 焦虑就像一把摇椅，它让你有事可做，但不会带你走得很远。
> ——茱迪·皮考特

六号总是反复无常，这在亲密关系中会让人很恼火。他做了个决定，然后会怀疑自己；又做了个决定，又怀疑自己。就在你以为他们终于做好决定的时候，他们会在半夜叫醒你，告诉你他们改变主意了。你只能叹一口气。

是什么导致他们如此犹豫不决？他们从来没有学会连接和信任自己的内在指导系统，经常怀疑自己是否有能力做出正确的决定，因为忘记过去的成功似乎已经成为他们的准则。有时候，他们需要爱他们的人给个提醒，上一次他们做出决定并坚持下去的时候，事情进展很顺利，又或者，即使结果达不到预期他们也挺过来了。

在亲密关系中，关于六号的好消息是，他们都是"骑兵"。给予他们时间和保证，在与伴侣长久的关系中，他们不会产生任何猜忌和质疑，成为世界上最有趣、稳定、最无所求的伴侣。

工作中的六号

几年前，我和一个名字叫丹的六号一起工作过，他无数次将我从危险中解救出来。那时我还是一个年轻的、过于自信的牧师，智商 37 分，正在管理一个快速发展的教会。跟所有表现良好的六号一样，丹一直密切注意着我。当他发现我准备要做出决定，而这个决定在他看来可能会造成灾难，他就会很焦虑，把我拉到一边说："带我们往这个方向发展，你想清楚会发生什么状况吗？"

丹总让我觉得很烦。对于我那些绝妙的主意，他总要表达自己的疑虑，还要质问我，这不仅降低了我们的前进速度，还让我有一种被泼冷水的感觉。然而，在某些情况下，如果不是因为他的质疑，我可能会带着刚刚起步的教会从高架桥上往下冲。

六号很敏锐，善于分析，是解决问题的能手。他们喜欢支持劣势的一方，尝试为一家公司或一个项目扭转局势，尤其别人说这是不可能的时候。如果到了第九局下半场，三垒上的跑垒员是飞毛腿，而击球手是一个六号，投球手就要紧张了，因为六号非常享受成为那个因为抓住了百分之一的机会而激发球队斗志的人。他们能在重要关头出乎意料地取得胜利，这是出了名的。

我们可以在六号身上学到很多东西。大多数人的思考和行动都太快，做决定的时候，即使算不上是不顾后果，也可以说是轻率仓促。如果我们停下来仔细思考自己的选择所隐含的意义，清晰和智慧就会显现。他们是最佳魔鬼代言人，无论他们在哪里工作都是这样。每个企业都需要一个怀疑一切的忠实成员，这个人敢于提出尖锐的问题，指出计划中的缺陷。一屋子企业家，过于兴奋又不怕冒险，可能会不喜欢自己那些吹得像气球那么大的好主意，被六号提出的问题戳破，但总得有人提出疑虑吧！

有时我会想，有多少六号勇敢地举起手，提出那个不受欢迎的问题，问得总统措手不及，有机会让他考虑一下推行某项战争政策会导致什么不可预见的后果。对于这些目光如炬的六号，我们欠他们一份感激之情。

六号员工会问你很多问题，这不一定是因为要跟你作对，而是因为他们想要弄清楚什么是他们应该做的，并确保如果有问题出现，会有人站出来主持大局。如果你要推行一个新计划，需要六号的支持，那就认真听他们提出的所有疑虑。六号需要时间仔细思考并形成问题，所以要提前公布会议议程。是的，这些提问和事实核查都会让团队的进度变慢，但如果你能让忠诚者说出他们的担忧，并回答他们的问题，那即使你走到天涯海角，他们都会追随你。

六号对于成功也有复杂的感受。他们在胜利前夕可能会拖泥带水，因为知道成功会吸引注意力。六号不喜欢备受瞩目带来的曝光，因为这让他们易受到攻击。他们也不喜欢在竞争激烈的环境中与同事们针锋相对，牺牲同事的利益而赢得的胜利，让他们很不舒服，毕竟他们的名字是忠诚者。

六号有一种奇怪的倾向，认为思考一件事就相当于是做了这件事，这一点在职场上尤为明显。所以，如果你问他们有没有在做你交给他们的项目，他们会说是的，即使他们其实一点儿都还没做，只是做了计划还想了一下！对他们来说，思考和行动是一回事。在工作中，如果你想知道六号真正的进展情况，一定要问更详细的问题。

六号工作尽职尽责，倾向于承担过多工作，造成自己压力过大，还会充满怨恨和悲观情绪。当他们觉得一切都难以承受，会有反应过度的表现，这种情绪会蔓延开来，让其他人惊慌失措。这时，可以提醒他们将各项任务进行拆分，分成多个易于管理的步骤，还要鼓励他们更多地将任务委派给其他人。

六号的性格动态迁移

带五号翼的六号（五翼六号）。这些六号更加内向、聪明、谨慎，有更强的自控能力，常常通过效忠权威人物来寻求安全感。他们向往有明确信仰的体系，成员之间有共同的价值观的团体。五翼六号喜欢保护自己的隐私，独自活动，追求自己的爱好，这有时会被误解为疏远、冷漠。他们需要更多独处的时间，这有助于他们拓宽思维，去思考处理那些让他们焦虑的事情。相反情况也会出现，因为五号翼的影响，六号会过度地反复思量，无效思考也就更为严重。由于他们长期过度分析事物而不采取行动，会深受分析瘫痪症之苦。

带七号翼的六号（七翼六号）。加上一个七号翼让六号本身变成一个令人愉快的惊喜。带着七号（享乐者）的爱玩乐的特质，他们好玩有趣、开朗活泼、敢于冒险。尽管只愿意接受一点点冒险，但这也拓宽了六号的边界，让他们容纳更多的选择。但是七翼六号并没有完全摆脱焦虑，他们总会有备用计划，以防冒险变成不幸。与五翼六号相比，他们要外向得多，也更愿意为所爱的人牺牲自己。

六号会在压力之下走向三号的消极面，变成工作狂，追求物质上的成功，又或者囤积资源让自己更有安全感。这时的他们更容易歪曲自己的形象，塑造一个有能力的形象，以回避自己的焦虑，也让别人认为一切都在他们掌握之中。他们不会轻易尝试自认为做不到的事情，毕竟已经缺乏信心，也就更加不愿意去冒不必要的险。

感到安全的时候，六号会转向九号的积极面，在这一状态下，即使面对周围环境的潜在危险，他们也不会畏惧。受九号沉着泰然的特质影响，六号不再为灾祸来临做准备，在整体上对生活少些焦虑。这个位置上的六号更加轻松灵活，富有同情心，充满活力。他们有更高的接纳度，能从多个角度看待生活，更有可能相信自己的直觉，而不是依赖外部权威、团体或信仰体系来诠释自己的生活。与九号的积极面联系在一起，六号会多些信任、少些厌倦，相信一切都会好起来。

如何弥补六号的性格缺陷

1. 定期进行归心祈祷或冥想练习，对每个类型都是至关重要的，对六号来说更是这样。你从不停止思考，内心充满了摇摆不定的想法，对他人可信度的怀疑，对最坏情况的想象，还质疑自己做出正确决定的能力。

2. 警惕存在于你与权威人士关系中的不良倾向。你是否会盲目追随，或者条件反射地反抗？你会想要找到一个更加细致而清晰的折中办法。

3.为了增强自信，以及培养对自己内在指导系统的信任，关于带来好结果的正确决定，或者关于你挺过了错误决定带来的不良后果，这些事情你都可以在日记中记录下来。不管怎样，你现在还好好地待在这里呢！

4.练习接受表扬，不要转移话题，或者怀疑称赞背后的动机。

5.如果你要进入魔鬼代言人的角色，要指出别人的观点和计划中的潜在缺陷，一定也要认可其中的积极因素，毕竟你也不想让自己成为扫兴的家伙。

6.减少接触新闻报道，或者那些让你更加焦虑或悲观的书籍和电影。（其实全都是这种类型。）

7.在一段关系的早期，对于你的伴侣给你的承诺，你是否会产生可疑的想法和感受？是什么让你在质疑和依靠他们之间不断反复？

8.学会区分真正的恐惧和焦虑，给它们赋予不同的价值定义。

9.记住这些祷告："一切都会好起来，一切都会好起来，各种各样的事情都会好起来。"经常重复这些话。

10.与恐惧这种困境抗衡的美德不是勇气，而是信念。信念是一种天赋，祈求能得到它吧。

在心智成长的道路上，六号要紧张地把控两件相互矛盾的事情：一是他们所处的社会文化永远不会让他们有安全感，二是他们是安全的。

打开 CNN 频道，我们会看到一个叫沃尔夫的新闻主播，他总是带着一副恐慌的表情，在"战情室"里面向我们实况转播，告诉我们不要转台，因为 60 秒后他将为我们带来"突发新闻"，在这样的世界里面，我们又怎么会感到安全呢？在我小的时候，突发新闻意味着有人把手指放到了核按钮上面。而现在，这意味着金·卡戴珊（Kim Kardashian）要准备发布她的翘臀照片让网络"瘫痪"。保险广告展示了一个毫无戒备的男人开车经过十字路口时被另一辆车从侧面撞击，这时另一个人提醒说："麻烦从来不休假，你的保险也不应该休假。"我甚至不愿多想如果我活到退休以后会怎么样。我是一个四号，如果这些东西能把我吓坏，我无法想象六号会有什么感觉。六号很容易内化这些关于恐惧和大难临头的信息，他们必须意识到这是一种模式，因此要多加思考，别让焦虑占据了自己的生活。

> 信仰是神秘之所，在那里，我们找到勇气去相信我们看不见的东西，获取力量去释放我们对不确定性的恐惧。
>
> ——布琳·布朗

六号需要别人的鼓励，让他们少怀疑自己，多相信自己。他们比自己认为的更强大、更机智，只是在自我蜕变方面用错了方法。他们以为勇气是恐惧的解药，但是他们似乎永远没有足够的勇气去面对恐惧，所以这肯定不是正确答案。他们需要培养的是信念，与勇气不同的是这不需要确定性。信念让六号相信比他们更宏大的存在，他们永远能获得支持，永远不会被遗弃，总能在危机时刻获得帮助。

六号需要记住精神层面上的一个事实，从根本上来说，他们是安全的。这不是说他们可以神奇地远离灾难祸害，只是从永恒的角度来看，人生故事总会有好的结局。为了让这个信息深入骨髓，他们必须决定是否相信，一切事情自有安排，又或者，即使一切事情都没有达到预期，情况也总会好起来的。

第11章
"生活就是要享受啊！"——享乐者七号

想想快乐的事情，就能让你的心展翅飞翔！

——彼得·潘

认识七号

1. 我总是第一个站出来加入临时决定的冒险活动。

2. 我是一个积极到底的人。

3. 我不喜欢对事情做出不容改变的承诺。

4. 我承受着一种症状的困扰，这种症状叫 FOMO——害怕错失机会。

5. 期待是生活中最棒的一部分。

6. 身边亲近的人说我有时很爱争辩，表现得高人一等。

7. 多样性和主动性是生活的调味料。

8. 有时我非常渴望未来，感觉自己已经等不及它的到来。

9. 我很难把事情做完。在接近项目尾声的时候，我开始想着下一件事情，然后变得很兴奋，接着就停下手中的事情去做其他事情了。

10. 我通常会回避激烈的对话和冲突。

11. 如果我关心的人遇到困难，我会引导他们看到事情好的一面。

12. 别人觉得我对自己很有信心，但其实我有很多疑虑。

13. 我很受欢迎，有很多朋友。

14. 如果现场氛围一直很严肃，我通常会想办法让大家活跃起来，一般会讲笑话或者幽默故事。

15. 我不喜欢结束，所以通常会等对方提分手。

16. 我很快就厌倦一成不变的日常生活，想要尝试新的事物。

17. 只要花点心思，几乎所有事情都可以变得有趣好玩。

18. 我觉得大家都担心得太多了。

19. 生活其实比大家想象的要好，关键在于你要怎样解读。

20. 我不喜欢别人对我有期望。

健康的七号明白"少即是多"。他们知道自己为制造幸福注入了很多能量，知道快乐只能是被接受的礼物或恩典。他们接纳了人类所有的情绪，他们正在培养自己的能力，去接受生活本来的样子，而不是他们想要的样子。他们能把痛苦和失望融入自己的整体生活，而不仅仅是逃避。当享乐者处于健康状态，他们不仅有趣和爱冒险，在精神层面也更理性、务实、坚韧。

　　一般的七号会重新定义几乎所有悲伤的、有局限性的事情,或者有可能被认为是失败的事情,通过调整叙述,以肯定的表达方式重塑最消极的事情。他们的大部分快乐来自于期待,大部分悲伤来自现实,而在现实中,他们的期望却很少实现。这种七号通过玩乐获得安全感,并在团体中也有些地位。虽然他们很受欢迎,但觉得许下承诺是一种挑战,也很难完成项目,经常从一件事跳到另一件事。

　　不健康的七号认为自己和周围的环境都不够好,为自己感到难过,常常认为自己受到了不公平的对待。他们会不惜一切代价来避免痛苦,这又引起了不负责任以及寻求即时满足的行为。这种七号做事往往不计后果,冒险的程度大于自己能承受的损失,比起其他类型更容易有上瘾行为。

☆ ☆ ☆

　　一个周六,妻子安妮问我能不能带上我们8岁的儿子艾丹,去一趟食品超市买几件晚餐用品。我不是小气鬼,但是按我的理解,在食品超市买食品的财政意义,无异于在蒂芙尼商店买草坪设备。我那注重养生的妻子,坚持只给孩子吃不含杀虫剂的食物,这一直是我们之间争论的焦点。不过没关系。15年以来,我每天早上都会往他们的午餐袋里塞一袋奇多玉米脆条(Cheetos),这样看上去他们还算有个正常的童年。她还不明白为什么孩子们更喜欢我。尽管很沮丧，我还是带着艾丹出发前往食品超市。

走进我们那儿的食品超市，你最先看到的是苹果陈列——蜜脆果和佳丽果被排列成一个完美的巨大金字塔，壮观而精巧，让人怀疑这是雕塑家安迪·戈德斯沃西设计的作品。像所有小男孩一样，艾丹那天做的第一件事就是径直冲了过去。

"别碰那些苹果！"我压低声音命令道。

艾丹吓了一跳，从苹果陈列那儿跳了回来，我转身继续找杏仁奶。过了不到五秒钟，我听到一声闷响，像是网球落在帐篷顶上的声音，接着又是几下低沉的重击声，夹杂着身边顾客倒吸一口冷气的声音，只见苹果像雪崩一样滚落了下来。当我急匆匆地找到艾丹的时候，他正匍匐着拼命地抓起滚落到地上的苹果，好像以为能赶在我发现他做的好事之前，把苹果都捡起来重新叠好。

看着我带着怒火中烧的表情朝他走去，艾丹惊恐万分。但就在那时，像是在最后时刻想出一个绝妙主意可以暂缓行刑一样，他突然咧嘴一笑，踮起脚跳起舞来。

一个 8 岁的小男孩穿着印有"生活很美好"字眼的 T 恤，在一堆滚落的苹果上傻笑着跳舞，没有什么比这一幕更能化解一个父亲的愤怒了。看着他撅起小屁股扭起来的时候，我忍不住和过道里的其他人一起大笑起来。你还能训斥这样的一个孩子吗？在艾丹还不长的人生中，他已经数不清多少次成功地把严重错误变成一场喜剧。

艾丹现在已经是大学一年级新生，但每次我们经过食品超市的苹果陈列时，他都会来一段太空步，提醒我那天他是如何逃避责难的。没错，那仍然会让我笑起来。他是典型的九型人格七号。

七号的人格画像

为明天而活，不理会今天无法避免的、令人忧伤的磨难，这听起来似乎是应对生活的一种好办法。七号这种不屈不挠地要保持乐观的特点有时确实可以说是上天的赠礼，但有时这种做法也会给他们自己和爱他们的人带来麻烦。

1. 七号想要避免痛苦。七号相信他们能通过思考摆脱痛苦。我曾经请朋友朱丽叶描述她的七号生活。她说了很多事情，还分享了处理消极情绪的办法，那就是将这些情绪理性化。"对我来说，忧虑和压力比较好处理，因为就在脑子里进行。"她说，"像失望、悲痛或哀伤这样的情绪要难得多，因为我得实在地体会这些情绪。"

我问朱丽叶是否去看过心理咨询师。她笑着说："有看过，但每次咨询师引导我靠近痛苦话题的时候，我都会立马

> 让我们迈进黑夜去追寻那个轻浮的妖妇，开始冒险。
>
> ——J. K. 罗琳

讲笑话或者有趣的故事，讲一下孩子们在那个星期里做的傻事，用这样的方

式来转移话题和逃避消极情绪。"七号会费尽心思地回避痛苦和逃避自省，这样一来，对比起其他类型的人，成长所需的自我认知对于七号来说就更具挑战性了。

但是他们回避痛苦的方法真的是非常有趣。魅力是七号的第一道防线，我和艾丹在食品超市的经历充分说明了这一点。怒气冲冲的家长、老师和教练似乎都无法规训淘气的七号，他们似乎总有办法让自己全身而退。如果亚当和夏娃都是七号，可能我们所有人现在都还在伊甸园里生活吧。

面对让人情绪紧张或者令人沮丧的情况，七号会控制不住地想要做些什么事来让周围变得轻松一点。他们会在悼词中加入令人皱眉的笑话，对着影片悲伤的一幕笑到无法自已，在老板宣布强制裁员时假装打嗝分散大家的注意力。七号为了应对焦虑或不快情绪而选择的做法，虽然会让他们成为团体里的活宝，但这些不成熟的行为，会让人认为他们在智力和感受上缺乏深度，而他们却无法看清这种联系。如果不好好下功夫，这会给成年后的七号带来一个没有实力做事情的名声。

我最不愿意看到的，就是世界上没有七号。他们是极好之人，尤其是当他们学会勇敢面对生活既有悲痛也有欣喜这个事实。问题就是，太多人都只想成为彼得·潘——他们永远不想长大。

2. 七号容易成瘾。 每周有几个早晨，我都会参加"十二个步骤"集会。我很少有机会看到这么多七号同时聚在一个地方。并非所有七号都会成为成瘾者，只是他们易冲动和难以延迟满足的特性，再加上他们不惜一切代价逃避痛苦情绪的需要，使他们比其他类型的人都更容易上瘾。喝半瓶葡萄酒，流连色情网站几个小时，服用一把奥施康定（oxycontin）（译注：一种容易上瘾的强效止痛药），玩一盘二十一点扑克牌游戏，吃一升冰激凌，放纵自己疯狂购物，如果有这些简单又快速的办法可以止痛，为什么还要忍受如潮水般泛滥，并且难受又可怕的情绪呢？

朱丽叶跟我说："我没有酒瘾，但有一天我发现，每次我参加派对都会喝三杯葡萄酒，就是为了远离那种看上去像动画角色小驴屹耳（Eeyore）那样悲观阴沉的人，不用听他们讲一些令人沮丧的话题。我非常不喜欢让我不开心的人和事。"

在我看来，七号尤其容易对色情片上瘾。试想一下，这不仅让你享受肉体的快感，得以麻痹消极情绪，还让你以为自己和别人有了亲密接触，并且不必为此对别人许下承诺，而承诺恰好是七号不愿面对的事。赌博之于七号也是一种特别的诱惑，骨子里的乐观主义让他们相信，下一手牌会让他们赢，或者他们马上就要转运气了。赌博包含了所有能吸引七号的因素，比如，让人兴奋的可能性、未来的好运气，轻而易举地就能让他们陷于其中。刚刚我也提到，并不是所有七号都会成为成瘾者，但是他们也必须格外警惕。

3. 七号是公关顾问。七号是所谓的"重构"大师，能在瞬间理解接受糟糕的现实情况，你我面对这种情况会经历的痛苦，七号能设法避开，办法就是换以积极的方式来重新解读糟糕的情况。他们会下意识地即时启动这一防御机制，效果令人刮目相看。

我朋友鲍勃曾经是极受欢迎的音乐短片制作人。但没过多久，他对导演这种半裸女人跟着糟糕音乐跳舞的四分钟短片开始感到无聊和厌烦，发誓再也不会制作这种短片了。

最近我们一起吃午饭，鲍勃告诉我，几个月前，他违背了自己的誓言，同意为一个乡村风格的大型演出拍摄短片，因为"报酬丰厚，令人无法拒绝"。就在那天早上，艺人的经纪人打电话告诉他，他拍摄的影片让人非常失望，他们已经另请导演重新拍摄了。

"老实说，我觉得这是好事。"鲍勃解释说，"这是一个让我重新确认我的想法的机会，我就应该放弃制作音乐视频，继续走好新的职业道路。"

鲍勃和我是老朋友了，他也熟谙九型人格理论。我问他，对那通电话的想法会不会只是七号的典型反应，就是用强力胶带封住乌云周围的一线光明。他没有正面回答我的问题，但最后还是放弃躲闪，笑着说："我总有一个口袋装满一线光明。"

"你得抽时间去面对失去那份工作的感受。"我说。

"我会想一想。"他说，心里明白这是"大脑组"里的类型能给出的最好答案。

看七号为自己辩解，能让你惊叹不已。如果你责备他们的表现自私、态度恶劣，又或者警告他们不要做愚蠢的决定，他们就会爬到路障上站着，誓死捍卫自己合理的立场。他们能为自己想做的事情找到无数个理由，不管这会让自己或其他人付出什么代价。他们那些冗长的理由只不过是一种策略，好让他们不需要为自己的自私或愚蠢的决定而内疚。

七号很聪明，学东西很快，所以会过高评价自己的天赋、才智和成就，变得高傲自大。他们喜欢辩论，能说会道，反应敏捷，在斗智方面，即使对争论的话题了解得比对方少，也甚少会败下阵来。这肯定会让他们自视甚高。

七号的逃脱术可以媲美大卫·布莱恩（David Blaine）的专业表演。他们总是需要并且会准备好一个出口或备用计划，在生活出现可怕、无聊或不舒服这些情况的时候派上用场。一天晚上，我和鲍勃一起去看电影，中途路过一个艺术画廊，看见很多人聚在那里参加一个摄影展的开幕式。"太好了!"他说，"如果电影不好看，我们可以溜出来看这个摄影展。"这真是个绝妙的安排。

4. 七号不想被束缚。七号要灵活掌握自己的事情，不愿做出长期的、让自己选择受限的承诺。安妮经常和我说，在我们孩子成长的过程中没有接触到九型人格理论，这真的很遗憾。艾丹在五年级的时候显示出当鼓手的潜力，但是每次我们建议他加入学校乐队他都会不高兴。承诺每周必须参加两次课后乐队训练，这听起来更像是自愿监禁，一点乐趣都没有。安妮和我最终说服艾丹尝试加入乐队，就试一次。他的表现不难预见。"我讨厌乐队。"他抱怨道，"乐队指挥要求我必须像其他人一样照着乐谱演奏。可我喜欢即兴发挥！"

从我个人经验来说，不愿意按章办事是很多七号的行为模式。海伦·帕尔默称他们为享乐者，就是因为他们这种以接受人生中最好的可能性为乐的生活方式。如果你不相信我，可以带七号去吃一顿饭看看。他们通常是第一个闻到特色菜的人，"天哪，你有闻到咖喱味吗？"还会带着愉悦的表情陶醉其中。

如果你真想见识一下那些七号，可以带他们去自助餐厅。他们是队伍里那些把盘子装得满满的人，每道菜品他们都要试，不试就难受！如果你们去的餐厅，他们以前去过，那他们肯定不会

> 过一次快乐的童年，什么时候都不晚。
>
> ——蒂姆·罗宾斯

再点之前吃过的菜品，即使那是他们喜欢的。明明可以试试不同的东西高兴一下，却还是要回旧的那一套，还会有这样的人吗？

5. 七号为下一次冒险而活。安迪·沃霍尔（Andy Warhol）说的那句话："等待本身让事情变得更加令人兴奋。"七号清楚理解这句话的意思。这些追寻快乐的人尽情享受期待。对他们来说，无论是一顿饭、一次聚会或者一次旅行，这其中最美好的部分，并不是这些事情到来的那一刻，而是

在到来之前那激动人心的期待。这就是为什么等到上等肋排上桌、聚会客人到来，或者他们真正站在埃菲尔铁塔塔底的时候，七号会感到有点失望。结果本身不可能达到他们的期望。快乐就在等待之中，不在满足之后。

七号会确保自己总是有事可做，以免不良情绪给他们的日程安排砸出一条缝。"当我一直看着日历，想知道下一件事是什么时候时，我就知道我焦虑了。"我朋友朱丽叶这样跟我说。

艾丹的高中第三年在意大利学习古典文学。回家前的几个星期，他打电话跟我们说，牛津大学办的一个古典文学暑期课程正在招生。"那会让我的大学申请增色不少啊。"他说，"而且，现在从意大利飞往英国的航班机票也很便宜。"我很清楚我们家这位自我辩解冠军在做什么。与其和朋友道别而难过，回家参加第十次同时也是最后一次夏令营，还不如扑向电脑，到互联网上搜寻另一次冒险。

遗憾的是，要七号活在当下实在太困难，他们从来没有真正享受过身在其中的冒险之旅，因为他们已经在想下一次冒险计划了。

七号人格易出现的性格缺陷

我想成为一个七号。发展健康的他们是我最喜欢的九型人格类型。

在七号身上能找到喜悦和对生命无尽的热爱。大多数早晨，他们会像刚刚发现下雪天的孩子那样开始一天的生活。当然这不是天真幼稚，因为艾丹和我许多最亲密的朋友都是九型人格中的七号，所以我熟知他们的灰暗面。正如九型人格中的每个类型那样，他们性格中最好的一面同时也是最差的一面，他们的天赋同时也是他们的诅咒。

刮开七号表面的鲜艳涂层，你会发现被掩盖着的是避免痛苦的需要。七号不想感受不愉快的情绪，尤其是内心深处那股恐惧和空虚的旋涡，这一点我怎么表达都不够强烈。没有人会享受害怕、悲伤、无聊、愤怒、失望或沮丧这些情绪，但是对于七号来说，这样的情绪更是无法忍受的。

当我知道七号的困境是暴食，我还以为自己就是七号。和我一起在意大利待一个星期，你就知道我为什么会归类错误。但是对于七号来说，暴食这一困境并不在于他们对三文鱼通心粉（Maccheroni al salmon）的喜爱，而是反映了他们不受控制地要"吞食"积极的体验、令人兴奋的想法，要获得上好的物质，这都是为了回避痛苦的感觉、伤痛的记忆和长期存在的被剥夺感。

> **著名的七号：**
> 罗宾·威廉姆斯、沃尔夫冈·阿玛多伊斯·莫扎特、斯蒂芬·科尔伯特

七号渴望刺激。问一个七号多少才算够，他们会答："再多一点。"这就是问题所在——永远不会够，至少不足以满足七号贪婪的胃口。精神病医生、作家加伯·马泰（Gabor Maté）把瘾

君子比喻为"饥饿的鬼魂"，这些被消耗殆尽的生物，有着"消瘦的脖子、小小的嘴巴、瘦骨嶙峋的四肢和巨大臃肿却空空如也的腹部"，这描述令人毛骨悚然，但却贴切地描述了七号的困境。和"饥饿的鬼魂"一样，七号应对内心混乱的方式，是纵情声色，沉迷于物质享受，用各种活动和冒险塞满自己的日程，幻想着未来各种令人兴奋的可能性，策划下一次伟大的冒险。

根据九型人格理论，暴食的反面是清醒。对七号来说，清醒的意思不是戒酒，而是放慢脚步，活在当下，克制自己，约束自己不安分的"猴子思想"，沉下心来过日常生活，就是那些像我们这样的普通人都要做的事情。

我们每个人都有应对痛苦的方法。七号的办法就是让一切保持生机勃勃和积极向上。七号总在问自己的问题是："我怎样才能让这一刻尽可能多地充满愉快呢？"他们的满足，从来都不是源于自己的内心或者当下的时刻，而是源于外部，源于遥远的未来。他们总有更多的事情要做，有新的计划要实施。所有这些一时兴起的行为都是他们转移注意力的办法，好让自己不去关注那些一直困扰着自己，而又未被承认的、未经梳理整合的失落感和焦虑。大多数人都知道，不愉快的感觉和真相是躲不掉的，但七号并不这样认为，他们相信自己能一直躲下去。正如理查德·罗尔所说："试想一下生活中没有耶稣受难日，一直都是复活节。"

这让人很难理解，但是七号的恐惧程度，跟五号、六号是一样的。不同之处在于抵御恐惧的方式：五号用知识，六号用悲观，七号用无尽的乐观。

如果你只给我三分钟来描述七号的应对策略，我会直接给你唱几句音乐剧《国王与我》（*The King and I*）中的歌曲《我吹着快乐的曲调》（*I Whistle a Happy Tune*）：

每当我感到害怕，

我就扬起头，

吹起快乐的曲调，

这样就没有人会怀疑我害怕了。

七号就是如此，他们坚决不面对负面情绪，这让他们失去了最真实的自我。他们也欺骗了自己，再多的新奇经历和刺激冒险也无法填补这种空洞。

七号的童年和原生家庭

七号描述的童年常常会有秋千，在慵懒的夏日午后跟亨利叔叔一起钓鱼，在冬日里堆雪堡、去参加住宿营。这是真的？没人会过得那么轻松吧。

如果你能让七号敞开心扉谈论自己的童年，他们会讲述那些让他们感到难以承受、感到被抛弃、感到孤立无援的时刻——和爸爸妈妈坐在一起的那个夜晚，知道爸爸妈妈从此要分开了；身患绝症的哥哥，多年来一直牵扯着妈妈的精力，也包括属于他们的那部分；急匆匆地搬了家，都没有机会和朋友说再见；某个人的离世，给他们的感觉更像是自己被遗弃了。

在他们成长的岁月里，七号听到的伤害信息是："你得靠自己了，没有人会再支持你、照顾你了。"七号回应说："没人做我就自己做。"面对同样的危机，五号的处理方式是减少自己对别人的依赖，六号的解决办法是尝试预测所有可能出现的灾祸，而七号的策略是在脑海中创造一个没有痛苦的梦幻岛，他们可以躲在那里快乐地思考，直到痛苦消弭。

七号孩子总是幻想令人着迷的一种生活，这样他们就可以回避那些自己无法承受的可怕情绪。这些孩子和彼得·潘一样，真心地相信魔法。他们无论是和其他同伴在一起，还是独处，都会玩得不亦乐乎。

好奇心定义了七号，这是他们天赋中的一部分，是他们给自己和世界的赠礼。但好奇心如果挣脱了社会规则的约束，就会出现问题。规则是必要的，但是七号觉得自己难以忍受规则的束缚。当他们受到某种限制时，就会退回到自己的大脑当中，靠想象力去提供他们需要的快乐，直到限制被解除。

与其说七号是成就导向型，不如说他们是体验导向型。他们喜欢童子军里那些有趣的活动，但对获得徽章、迈向目标并不是特别感兴趣。这并不是说他们懒惰，事实也远非如此。七号总是停不下来：他们是那些想多待一会儿、多玩一会儿的孩子。他们每天都有无限的能量，似乎永远不想停下来。

在情感上，年少的七号已经懂得回避负面情绪的艺术。这些孩子可以选择让自己感觉良好而不是难受的情绪，所以他们不明白别人为什么会悲伤。他们喜欢所有积极的事物，即使这意味着自己要重新解读自己的经历，换一种快乐的方式去讲述。七号在成年之后也会继续沿用这种策略。

亲密关系中的七号

七号从来没有沉闷枯燥的时候。他们要么在筹备和谈论下一次冒险计划，要么邀请你加入他们的计划。他们会在新开的民族特色餐厅享受异国情调的晚餐，去参加裸体跳伞，在博物馆听关于立体派艺术的讲座，花一个晚上听歌剧，临时决定去一次公路旅行。无论是什么安排，七号都会首先喊出"我要坐副驾驶位"，还要和你比谁先坐到那个副驾驶位。如果你还没有准备好，做不到无论去什么地方都可以说走就走，那你和七号的关系可能不会长久。

七号不想要有局限性的关系，他们是典型的承诺恐惧症患者。对七号来说，"被困住"和"承诺"，无论是看着还是觉着，都是一回事。正如海伦·帕尔默所观察到的，因为七号珍视自己的独立性，所以必须让他们觉得，对一段关系许下承诺，是出于他们自己的想法，而不是你强加给他们的。从长远来看，一些七号很难做到与伴侣同甘共苦。

如果你现在或者曾经和一个七号建立互相承诺的关系，你就会知道他们是多么好的伴侣。他们的谈话风格是讲故事，兴致勃勃地讲述发生在自己身上的故事，让在场的人兴奋得坐不住。他们对你的内心活动总是很感兴趣，想知道你的人生故事，把你吸引到他们那激动人心的世界里。然而，七号对你生活的着迷，更多的是他们暴食这一特征的症状，而不是真正感兴趣的体现。不管怎样，你和七号的关系都必将随着时间的推移而不断发展，否则他们会开始寻找安全出口。

对某些七号来说，结束一段关系会非常困难，很难摆脱分手带来的悲伤。但是也有一些七号和他们的朋友告诉我，这些七号会毫发无损地离开一段感情。这种压抑感受的做法，会让某些七号显得冷酷无情、缺乏同情心。

七号总想让自己保有选择的余地。如果你邀请他们在周五晚上和你一起吃饭，他们会说回头答复你。毕竟现在距离周五还有一段时间，如果中间有人邀请他们去做更好玩刺激的事情怎么办？

七号的朋友说他们不止一次地感到被七号抛弃，这种情况并不少见。他们在社交方面有过度投入的倾向，因为空空如也的日程安排会让他们感到厌倦。有时候，他们已经建立好的关系反而在优先事项中排到最后，因为他们总是急匆匆地去追求新朋友和令人振奋的体验。

人们会不自觉地依赖七号，指望他们把自己富有感染力的热情，带到他们参与的每一项活动中去。我们在最近一次意大利家庭旅行中发现了这一点。每天早上，我们全家会一起吃早餐，讨论当天的活动计划。有一天在佛罗伦萨，艾丹说他想乘坐阿尔诺河（Arno River）上的贡多拉船，而我们其他人都赞成著名的米兰大教堂登顶线路，登上这座城市的主教堂。像所有七号一样，如果自己的计划受到阻碍，艾丹有时会变得暴躁，但是这天他耸耸肩表示同意。

通往大教堂顶部有 463 级非常陡峭的台阶。如果艾丹像往常一样精力充沛的话，爬上去本来会很轻松。一路上，他会一直讲笑话，或者跑在前面，回头对着我们大喊，让我们走快点。然而，那天艾丹表现得很安静。他并没有表现出闷闷不乐，或者对我们有报复行为。我们的选择，只是把控制他热情的点火设置，从默认的高火，调低到中低火。

我的孩子们熟知九型人格理论，所以那天晚上吃饭的时候，我们就说我们一家人都很依赖艾丹，需要他为我们的活动注入活力，还向他保证，他不用再扮演宫廷小丑的角色了。我们也吸取了教训，如果第二天早上他宣布要把比萨斜塔拉直，我们也会乐意协助，只要他为此鼓足干劲。我们现在知道了，如果没有他，这次旅途也就不会有阳光。

七号宁愿吃玻璃也不想承受无聊带来的痛苦。只要出现一点无聊的苗头，七号就会变得过度活跃，过于健谈，他们的思维比平时更快，脾气也会变坏。我常常想起我的一个朋友，他家有两个小男孩。这两个小孩无事可做的时候，就会绕着房子一圈一圈地跑，兴奋得像赛马一样。要让他们停下来，必须得抓住他们。同样，如果成年七号开始疯狂地东奔西跑，或在项目之间换来换去却一个都没完成，这时，他们需要身边的人把他们截停，并说"醒一醒"。

他们对别人的生活很着迷，还很反常地被经历痛苦的人所吸引。就好像他们凭着直觉得知，这些人拥有的感情深度是他们想要但又不知道怎样培养的。也可能是因为他们知道，要进入生活的更深层次，痛苦是唯一的入口，但他们不想面对这个事实。

需要明确的是，七号能够进入阴暗的感情空间，短暂停留之后就会逃离。很多七号在听到别人说自己回避痛苦的时候，都会马上打断并抗议："我经常会听忧郁的电影原声音乐，也会有独处的时间思考自己的生活。"这倒不假，他们时不时会涉足"悲伤之河"去感受一下，但这总是在可控的情况之下按自己的方式去进行。

工作中的七号

如果有机会，七号会不惜一切代价接替安东尼·波登（Anthony Bourdain），成为有线电视美食旅游节目《未知之旅》（*Parts Unkown*）的主持人，乘飞机前往世界各地，去探索新的文化，遇见绝妙的人，品尝奇怪的食物，永远不知道下一个拐角处有什么等着你。这样的工作并不多见，但七号就是要在类似这样快节奏、充满创造性的环境中工作，在这种环境里面，他们独立自主，可以参加各种各样的活动，还能灵活安排工作。

七号是梦想家和创始人。给他们一支马克笔和一块白板，你就可以站一边去了。他们能从广泛的主题领域中整合出信息，发现未被看见的模式，找出各种知识体系里的关联点，留意系统的哪些重叠之处能让他们成为高产的点子机器。他们具有敏锐的分析能力，敢于畅想一个组织最好的未来。他们能让团队充满激情，为推进完成公司的目标做出宝贵贡献。

在运营短期项目，推动新创公司发展方面，七号可谓是出类拔萃。他们的乐观精神、创造力、活力能推动事情快速发展。但有言在先，七号不是管理者或维护者，所以在执行阶段你要委派其他人来进行监督，让七号着手开创新项目。七号还极具团队合作精神，友好且受欢迎，为工作环境带来多样性和进取精神。

七号不喜欢让别人告诉自己该做什么，所以一个对员工施加太多限制的控制型领导，很少能和七号相处得好。他们有时会利用自己的魅力操纵权威人物，但从长远来看，这并不是一种可持续的办法。在既稳定又灵活的环境下工作，七号发挥得最好。没错，得有人管着他们，让他们的思想行动保持正轨。最好的办法，是给予这些才华横溢的七号适度的自由，安排涉及面较广的工作，并鼓励他们坚持到底。如果不需要承担太多的责任，七号可以成为优秀的领导者。七号经常在专业决策方面遇到困难，毕竟，要接受一件事就得拒绝另一件事，这意味着要承担责任了。

七号的性格动态迁移

带六号翼的七号（六翼七号）。这一类型的七号比其他类型更稳定。受六号稳重尽责的特质影响，他们在继续下一件事之前，会留给项目和员工多一些时间。这种七号很敏感，焦虑也会更多一点，但能用自己的魅力解除危机。对一段关系许下承诺，就让他们有机会和别人保持感情联系，解决关系中出现的问题。这些七号尽职尽责，忠于家人朋友；风趣幽默，愿意容纳别人。

带八号翼的七号（八翼七号）。八翼七号有很强的好胜心，大胆且进取。他们身上显示出八号虚张声势的特质，涉及自己的想法和日程安排，他们就会表现得有说服力、有主见，而且常常能够得偿所愿。不过，他们还是很爱玩，认为享受美好时光比获得权力更重要。这种七号很容易感到无聊，通常会开始做一些之前还没完成的事情。只要能为伴侣带来幸福，他们就会享受这段关系。处于不愉快的一段关系之中会让这些七号十分沮丧，而关系的结束更是会给他们带来毁灭性的打击。

处于压力状态下的七号，会表现出一号不健康和完美主义的行为特征。他们变得悲观，会妄下结论，好争论，把自己的问题归咎于别人身上，陷入非黑即白的思维模式。

当七号感到安全的时候，他们会表现得像健康的五号。这时候，他们不再消耗自己，开始做出贡献，更能接受静默和独处，变得更严肃认真，开始思考他们生活的意义和目标。处于五号积极面的七号，与其他七号相比，会更深入地探索事物，能够说出并面对自己的恐惧。与五号的积极面连接，七号能体验到真正意义上的满足感。

如何弥补七号的性格缺陷

1. 练习克制和适度把握。赶紧从那台"你认为越多越好"的跑步机上下来。

2. 你正遭受"猴子思想"的折磨。你习惯从一个想法、话题或项目跳到下一个，坚持每天冥想，让自己从这种习惯中解脱出来。

3. 开展精神上的独处训练，要定期练习。

4. 坚定不移地反思过去，列出那些伤害过你或你曾经伤害过的人，然后原谅他们，也原谅自己。必要的时候做出补偿。

5. 让自己感受负面情绪，比如焦虑、悲伤、沮丧、嫉妒或失望,不要逃避,每次记得要肯定自己,这是你开始长大的标志!

6. 当你开始幻想未来,或者给未来制订太多计划的时候,要把自己带回到当下。

7. 每天锻炼以消耗多余的能量。

8. 你不喜欢别人说你有潜力,因为这让你感到有压力,意味着你必须全力以赴,用心发展一项专门的技能,而这又会不可避免地限制你的选择。但是你确实有潜力,从长远来看,你希望自己投身于什么样的事业或人生道路呢?脚踏实地地实现你的天赋吧。

9. 问问自己:"我的生活有什么意义?我在逃避什么记忆或感觉?我所渴望的那些能补充我智力的深度能在哪里找到?"把答案写进日记里。要坚持练习直到完成。

10. 当朋友或伴侣的心受了伤,你要试着在他们痛苦时陪在他们身边,而不是流于表面地让他们高兴起来。

无法想象这个世界没有七号会是什么样,他们给我们带来那么多生活乐趣!还有谁能像七号那样,唤醒我们孩童般的好奇心,让我们别对自己太较真,教我们欣赏生命的奇迹?

七号需要面对一个残酷的事实,那就是伤痛无法避免。在心智蜕变的道路上,七号必须学会接纳和处理自己的痛苦,而不是逃避。

　　正如法国思想家蒙田所说："害怕受苦的人已经在遭受自己害怕的痛苦了。"换句话说，七号回避伤痛的策略会让他们受更多的苦。在想明白之前，七号会像瘾君子一样，对绝妙的想法、新奇的经历、自发的愉悦感受上瘾，还要不断增加剂量，用以压制那些他们想要挡在自己意识之外的感受。是时候停止消耗，开始贡献了。真正的幸福和满足，不是在需要的时候去抢夺或制造就能得到，而是要专注地生活，用自己丰富的人生来回馈世界才能获得的成果。正如托马斯·默顿所说："这个乱糟糟的世界四处都有冲突，非常需要那些懂得追寻内心完整的人，他们不会回避痛苦，不会逃避困难，就在赤裸裸的现实和平凡的生活之中坦然面对。"

　　七号需要听到并且相信的治愈信息是：你是得到上天眷顾的。我知道，这说起来容易，做起来难。七号需要勇气、决心和诚实，需要心理咨询师或精神导师、懂得体谅的朋友来帮助他们面对伤痛的记忆，鼓励他们体会当下产生的那些痛苦感受。如果七号在这个过程中能认真配合，他们将会收获更深厚的内心，获得真正完整的成长。

第12章
自我回归之路

> 爱的开始是愿意让我们所爱的人完全地做自己，决心不去扭曲他们的样子以适应我们自己的形象。如果爱他们却不爱他们本来的样子，只爱他们潜在的与我们的相似性，那么我们就不是爱他们，爱的是自己投射在他们身上的影子。
>
> ——托马斯·默顿

我朋友丽贝卡是一名护士，她的工作是帮助患有严重视力障碍的孩子。她其中一项工作是带领一个支持小组，帮助那些孩子刚刚确诊的家长。这些家长，大多是年轻的母亲，都很困惑、受伤，有时还会生气。丽贝卡指引他们如何应对这些他们从未想过会发生在自己身上的现实。

除了实用的建议，工作中最宝贵的一个体验，是丽贝卡会拿出眼镜给家长，戴上这副眼镜，家长就能看到自己孩子眼中的世界了。这些家长几乎都会放声大哭。"我不知道我的孩子看东西是这个样子的。"他们告诉她。一旦试过从孩子的角度看世界，他们对世界的体验也会变得不一样。他们可能仍然对诊断结果感到愤怒，但是不再因孩子而感到沮丧，因为了解到这些孩子的艰难生活，即使只是短暂的接触，也能激发父母的怜悯。

这就是九型人格的赠礼。九型人格是一种工具，揭示了人们的世界观。如果你了解到，你的忠诚者六号丈夫认为周围环境充满危险和不确定性，而他也明白，作为表演者三号的你，每天早上起床之后都迫切地要与人竞争，要出色地完成每一件事。这时，你们会惊奇地发现，你们能更好地体谅对方。一切都不再只是关乎自己。你能理解你所爱的人，他们的行为能追溯到一种特定的性格传记，源自一个特殊的伤口，一种破碎的人生观。

既然你已经懂得一些九型人格的基本知识，苏珊娜和我希望能在你身上看见两件事。

> 怜悯是一个动词。
> ——一行禅师

第一件事，希望这能唤起你对他人和自己的怜悯。如果有九副九型人格眼镜可以换着来用，我们可能会有所触动，能不断地给予对方更多的慈悲和理解。这样的怜悯之心是人际关系的基础。这能改变一切。

九型人格告诉我们，我们改变不了别人的看法，但是可以试着读懂他们眼中的世界，基于他们的看法帮助他们改变自己的做法。我喜欢一行禅师对这一点的解读："当我们心胸狭窄时，我们的理解和怜悯是有限的，我们会受苦。由于不能接受、容忍别人和他们的缺点，我们会要求他们去改变。但是当我们心胸开阔，同样的事情就不会再让我们受苦，我们不吝给予理解和怜悯，能够接纳别人。我们接受别人本来的样子，他们就会有改变的机会。"

细细体会最后一句。只有当我们不再试图改变别人而仅仅是爱他们的时候，他们才真正得到改变的机会。九型人格这个工具唤起我们对别人的怜悯，这种怜悯是接受别人真正的样子，而不是我们希望他们成为的那个样子，这会让我们的生活变得更加轻松。

我们希望你读完这本书之后，愿意让自己的怜悯触及更广的范围，触及你身边的人，甚至你自己。我在书中曾提到，我非常希望人们能明白，如果我们可以怀着如同慈爱的母亲注视怀抱中熟睡的婴儿般温柔和深情来看待自己，我们就能在很大程度上治愈我们的心灵。

自我怜悯这个概念引出的另一个要点就是，当你想指责自己的性格缺陷时，要记得，每一种类型的性格核心都是路标，为我们指明方向，让我们得以接纳性格中属于我们自己的那一部分。

一号让我们看到他渴望将世界恢复到最初的美好；

> 于我而言，活出自我即已成为圣人。
>
> ——托马斯·默顿

二号见证了源源不绝的无私奉献；三号让我们感受荣耀；四号提醒我们创造力和痛苦；五号展示了智慧的力量；六号体现了坚定不移的爱和忠诚；七号表现出孩童般的快乐和喜悦；八号反映了力量和专注；九号反映的是对和平的热爱，以及与孩子联结的愿望。

如果我们夸大了这些特征的作用，把某种特征当作终极价值或崇拜对象，就会产生问题。给九个特征的其中一个予以特权，这种特征就会变得荒诞不经、无法辨认，甚至，我敢说是有罪的。

如果一号相信，他们必须完美，不能犯错，这样才能得到爱，那么他们让世界变得更好的热情就变味了。二号自我奉献的那种爱退化成不健康的共生依赖；三号把自己对荣耀的热爱，丑化成需要持续赞美的自恋；四号如果对自己泛滥的情绪放任自流，就会陷入只关注自己的状态；五号会退避到自己的内心世界，隔绝人际关系中不可避免的固有风险；六号不再相信等待他们到达的未来；七号逃避痛苦，让喜欢派对却又为其所累的心灵变得沉重；八号坚信自己是正确的，挑战他人可能会退化成恐吓弱者；九号不惜一切代价避免冲突，意味着他们同样愿意不惜一切代价接受和平。

我们要做的是找到属于自己类型的健康状态，同时也要尊重并意识到另外一点，那就是我们可以获得所有其他类型的天赋。我们追求的是完整性，或者说是完整的状态。一号可能永远都不会停止追求完美，但他可以张开双手接受其他类型的天赋。六号不会完全停止焦虑，但她可以理解并培养其他类型的天赋，这些天赋可能会带着七号的生活乐趣，也可能有八号的自信，这样就能平衡自己的焦虑。

《沉思的新种子》（ *New Seeds of Contemplation* ）是托马斯·默顿具有里程碑意义的著作，他在书中写道："于我而言，活出自我即已成为圣人。因此，关于圣洁和救赎的问题实际上就是要弄清我是谁以及发现真正的自我。"

虽然我花了二十年时间才领会默顿的深刻见解，但通过学习九型人格，我明白了。

我们很高兴能在这里把约翰·奥多诺霍（John O'Donohue）的《致独处的祝福》（*Blessing for Solitude*）转送给你，这是在我踏上自我发现和自我认知的旅程时，戴夫为我祈祷的内容：

愿你在生活中看到心灵的存在、力量和光芒。

愿你意识到你永远不会孤单，在心灵的光辉与归属之中，和世界的节奏韵律一起，你的心灵与你紧密相连。

愿你尊重自己的个性与独特性。

愿你认识到你的心灵独一无二，你在世上有特别的命运，在人生的外表之下，美好、永恒的事情正在发生。

愿你学会每时每刻都带着喜悦、骄傲和期待来看待自己。